#### 就业技能培训新模式教材

# 美甲

主　编：李　安

编　者：何　青　徐　颖　杨龙凤　张素花

审　稿：顾炜恩

中国劳动社会保障出版社

图书在版编目（CIP）数据

美甲 / 李安主编. -- 北京：中国劳动社会保障出版社，2024
就业技能培训新模式教材
ISBN 978-7-5167-6278-3

Ⅰ. ①美… Ⅱ. ①李… Ⅲ. ①指（趾）甲-化妆-职业培训-教材 Ⅳ. ①TS974.15

中国国家版本馆 CIP 数据核字（2024）第 069959 号

**中国劳动社会保障出版社出版发行**

（北京市惠新东街 1 号　邮政编码：100029）

\*

河北品睿印刷有限公司印刷装订　　新华书店经销
880 毫米 × 1230 毫米　32 开本　5.5 印张　128 千字
2024 年 11 月第 1 版　2024 年 11 月第 1 次印刷
定价：18.00 元

营销中心电话：400-606-6496
出版社网址：https://www.class.com.cn

**版权专有　　侵权必究**

如有印装差错，请与本社联系调换：（010）81211666
我社将与版权执法机关配合，大力打击盗印、销售和使用盗版图书活动，敬请广大读者协助举报，经查实将给予举报者奖励。
举报电话：（010）64954652

为深入实施人才强国战略、就业优先战略，健全完善终身职业技能培训体系，探索"互联网+职业技能培训"新形态，不断加强职业培训教材与数字资源供给，有效提高培训质量，满足开展就业技能培训需要，特别是开展线上线下混合模式职业技能培训的需要，中国劳动社会保障出版社组织编写了就业技能培训新模式教材。在教材的组织编写过程中，以就业技能需求为依据，贯彻"以就业为导向，以技能为核心"的理念，并力求使教材具有以下特点：

**精**。教材内容以就业必备技能为主线，按照说明书的方式编写，精选就业岗位操作必备的知识和技能，满足就业技能培训的需要，让学员在短期内掌握岗位所需技能，顺利上岗。

**融**。教材以纸数融合为特色，将数字化资源与教学内容有机融合，学员不仅可以按照教材内容一步步掌握知识和技能，还可以通过扫描二维码反复观看操作技能实例视频等数字资源，便于直观学习理解，逐步提高技能水平。

**易**。对教材内容的呈现形式进行了精心设计，采用图表、色彩等多元化的呈现形式，同时还设置了"注意事项""小贴士"等多个小栏目，以使内容更加丰富且易于理解。

就业技能培训新模式教材的编写是一项探索性工作，由于时间紧迫，不足之处在所难免，欢迎各使用单位及个人对教材提出宝贵意见和建议，以便教材修订时补充更正。

本教材在编写过程中得到上海万化科技有限公司、广州包旺笔刷有限公司、上海惠而顺精密工具股份有限公司、天美国际美甲集团、广州莱易化妆品有限公司、广州凯乐美甲化妆品有限公司等单位的大力支持与协助，在此一并表示衷心感谢。

# Contents 目录

**模块一 美甲岗位素养** .................................. 1
 学习单元一 美甲概述 ........................... 2
 学习单元二 美甲岗位要求 ....................... 4
 学习单元三 美甲从业人员职业形象 ............... 8

**模块二 指甲基本常识** .................................. 13
 学习单元一 指甲概述 ........................... 14
 学习单元二 指甲外形及护理技巧 ................. 18

**模块三 美甲材料与工具** ................................ 25
 学习单元一 常用美甲材料 ....................... 26
 学习单元二 常用美甲工具 ....................... 42

**模块四 美甲卫生与安全** ................................ 51
 学习单元一 细菌常识 ........................... 52
 学习单元二 美甲卫生常识 ....................... 54
 学习单元三 安全用电常识 ....................... 58

## 模块五　接待与咨询 .................................. 61

　　学习单元一　接待 .................................. 62

　　学习单元二　咨询 .................................. 66

## 模块六　自然指甲的修饰与护理 .................................. 69

　　学习单元一　自然指甲修饰 .................................. 70

　　学习单元二　自然指甲护理 .................................. 78

　　学习单元三　甲油胶的使用方法 .................................. 89

## 模块七　手、足部养护 .................................. 93

　　学习单元一　手、足部按摩 .................................. 94

　　学习单元二　护理设备的使用及维护 .................................. 97

　　学习单元三　手部护理工作程序 .................................. 102

　　学习单元四　足部护理工作程序 .................................. 108

## 模块八　人造指甲的制作和卸除 .................................. 115

　　学习单元一　贴片甲的制作 .................................. 116

　　学习单元二　物理卸甲 .................................. 130

　　学习单元三　化学卸甲 .................................. 143

## 模块九　装饰指甲 .................................. 147

　　学习单元一　彩妆指甲 .................................. 148

　　学习单元二　手绘指甲 .................................. 157

# 模块 一
# 美甲岗位素养

## 学习单元一　美甲概述

### 一、美甲的基本概念

美甲是一种对指甲①进行修饰美化的工作，又称甲艺设计。

美甲是根据顾客的手形、甲形、肤质、服饰色彩等，对指甲进行消毒、清洁、护理、保养、修饰美化的过程，具有表现形式多样化的特点。

美甲从业人员的工作性质决定了对其综合素质的要求较高，美甲从业人员需要不断地学习、实践和经验的积累。

### 二、美甲的技术分类

美甲技术可分为以下三种类型。

#### 1. 实用型美甲技术

在生活中，实用型美甲技术主要体现在实用性上，它不仅可以起到丰满、坚固、加长、美化自然指甲的作用，还可用于残甲修复、断甲再接、畸形甲矫正、灰指甲修复等。此类美甲技术和人们的生活比较贴近。

---

① 本书中"指甲"均指指（趾）甲。

## 2. 观赏型美甲技术

观赏型美甲技术表现为修饰美化后的指甲色彩斑斓，甲面、甲体、前缘装饰的肌理以及长度发生变化，通常用于美甲学校的教学示范、美甲比赛、美甲产品的效果展示以及美甲店的服务介绍等。观赏型美甲体现了美甲艺术的精巧构思，具有较强的艺术表现力，精美的艺术甲片给人以美的享受，具有收藏价值。

## 3. 表演型美甲技术

表演型美甲技术是综合性的技法集成，适用于舞台展示，通过对手部模特的主题造型创意，以整体形象为视觉表达，并以指甲造型来叙述文化内涵，运用舞台效果，展示手的灵动表演，表达不同的文化与意境。制作表演型美甲提倡材料创新，使用各种轻型材料，以保证表演者十指灵动，在舞台上充分利用肢体语言完成艺术展示。

扫码看视频

美甲实例展示

# 学习单元二　美甲岗位要求

## 一、尊重顾客，服务热情

### 1. 待人诚恳，热情周到，微笑服务

待人诚恳，是人与人之间的相处之道。美甲从业人员接触顾客双手（双脚）时必须轻柔，这是提供美甲服务过程中体现周到服务的重要环节。

### 2. 不将任何负面的情绪和信息带入工作场所

坦然面对现代社会生活中的压力，不消极、不悲观，以良好的心态出现在工作场所，在与顾客交流的过程中尽量避免负面因素，不要向顾客诉苦，不要受负面情绪的影响。经常提醒自己，没有人喜欢消极的情绪和生活态度。

### 3. 每天开业要准时，与顾客的预约不能迟到

遵守时间是体现诚信的基础，是为人处世之本。不要以任何理由让自己放弃遵守时间的信念。如果连遵守时间都做不到，就谈不上守信，顾客也不会相信其他的诚信服务承诺。

### 4. 不在顾客面前谈论他人隐私

在美甲服务过程中，不传闲话是对他人的尊重，也是获得他人信任的基本原则。

### 5. 对待顾客一视同仁

要做到对顾客以礼相待、一视同仁。不要因美甲服务的项目不同及收费差异而挑选顾客，否则会让顾客觉得美甲从业人员嫌贫爱富，甚至会导致美甲店失去顾客。不要嫌弃残疾人顾客，要耐心地对待行动、语言有障碍的顾客。

## 二、精心操作，保证质量

### 1. 严格按照规范的服务流程进行操作

规范的服务流程是服务品质的保证，不要因为图省事而减少服务程序，进而影响服务质量。

### 2. 严格执行消毒规定

"三次消毒法"是美甲从业人员必须遵守的职业规定，是保护个人健康的基本措施，是让顾客感到放心的具体环节，是区别专业态度与非专业态度的标准之一。

### 3. 严格管理用品质量

美甲从业人员要保证用品的洁净，甲粉、甲液、凝胶使用完毕后应立即将容器盖好，避免用品受到污染。对易挥发的甲油应定时查看，保证在为顾客服务时用品功效正常。不要使用已经受到污染或变质的用品。

### 4. 安全操作，谨防事故

美甲从业人员在开始工作时，要将所使用的材料、工具和设备放在规定的容器内，并放置于妥当的位置，避免顾客不小心碰到；应严格遵守用品和设备的使用规定，不要违规操作。

### 5. 及时更换已经损耗的工具

及时更换用旧了的打磨、抛光工具，避免工具磨损严重，使用时产生过热现象而导致顾客甲床灼伤。尤其要注意一次性工具，用完后应立即丢弃处理，不可继续使用。

## 三、遵纪守法，爱护设备

### 1. 遵守国家的法律法规

遵纪守法是每个公民的义务，是美甲店有序经营的基本保障。树立合法经营的理念，不销售假冒伪劣的产品，做遵纪守法的公民。

### 2. 遵守营业场所规章制度

不同的工作场所会有不同的制度，美甲从业人员必须适应不同的工作环境，准确理解经营场所的规定并严格执行，养成良好的职业习惯。

### 3. 保持营业场所空气清新

美甲店室内要整洁美观、通风良好，避免异味影响顾客的体验。不要在工作台上吃饭，不要在工作场所吸烟，使用适当的通风设备来过滤室内的空气。

### 4. 不将宠物带入工作场所

带宠物进入工作场所会分散美甲从业人员工作时的注意力,并带来安全和卫生隐患。

### 5. 定时维修保养工具、设备

每月定期保养工具、设备,着重检测带电设备和消毒设备,及时消除安全和卫生隐患。

# 学习单元三　美甲从业人员职业形象

## 一、个人形象

### 1. 美化自己的双手（双脚）

美甲从业人员要美化自己的双手（双脚），穿着要健康时尚，化妆要得体大方，这些不仅是个人的职业形象，也是吸引顾客最好的广告。

### 2. 注意自身的行为细节

不能在顾客面前抠鼻挖耳、抓头皮、抖腿。工作时穿着清洁的工作服，保持体味清新。由于要与顾客近距离接触，因此美甲从业人员需要保持口气清新。

### 3. 养成心态平和、不急不躁的工作作风

在工作中，美甲从业人员将面对处于不同情绪状态的顾客，对待顾客要做到宽容、理性，亲切友好，不评价顾客，不与顾客发生争执。

#### 4. 具备虚心好学、精益求精的心理素质

不断学习新技术、掌握新知识,是提升个人能力的重要方法。有形的财富是有限的,而无形的财富是无限的,是通过不断学习、不断改变而获得的。

## 二、工作态度

#### 1. 言谈文明礼貌,举止落落大方

美甲从业人员的每一个举动、每一句话甚至每一个眼神,都要使顾客感到亲切、温暖,并富有亲和力,从而拉近和顾客的距离,让顾客产生好感,取得顾客的信任。不要在顾客面前与他人窃窃私语、交头接耳。当需要顾客配合时,要以征求对方意见的口吻提出问题,如"对不起,您可以把座椅调整一下吗?"美甲从业人员在接触顾客的手脚时,动作一定要轻柔。

#### 2. 形象温文尔雅,传递良好精神风貌

美甲从业人员温文尔雅,始终真诚微笑的美好形象和气质传递出良好的精神风貌和层次品位,让顾客能感受到顾客至上的服务原则。

#### 3. 热情迎送宾客,做到善始善终

自顾客进店至离开的整个服务过程中,美甲从业人员要以一丝不苟、决不含糊的工作态度,让顾客感受到宾至如归的尊重,特别是对第一次登门的顾客,更要热情接待。

## 三、工作职责

### 1. 通过沟通，了解顾客的真正需求

与顾客交谈的目的不仅是营造一个销售氛围，更重要的是了解顾客的真正需求，根据顾客的需求提供专业的建议和服务，激发顾客的消费欲望。

### 2. 根据顾客的需求，准确地介绍服务（用品）的内容

美甲从业人员要准确地介绍服务（用品）的内容，不要含糊其词，否则顾客不能了解其需求是否能得到满足，一位能准确介绍服务内容的美甲从业人员肯定是顾客信赖的专家。

### 3. 确认顾客是否认同服务（用品）的价格

在与顾客沟通过程中，美甲从业人员必须明确告知服务（用品）的价格，并确认顾客是否认同，避免出现价格误会，影响顾客的消费体验。

### 4. 完成已经承诺的服务（用品）内容

美甲店中的每一项服务内容都有相应的用品与之配套，美甲从业人员需要将规定的服务内容与配套的用品按照服务所承诺的条款来执行。

### 5. 记录顾客的服务信息，做好预约

记录顾客的服务信息，做好预约，及时提醒自己做好下次服务所必需的准备工作。完成服务工作后，美甲从业人员应做好服务记录，发现问题及时总结、改进，特别是做好预约服务，提醒顾客下

一次的服务时间，使顾客产生依赖感。

### 6. 维护工作环境卫生，爱护公物和工具、设备

美甲店的环境卫生直接影响顾客的消费情绪，美甲从业人员要及时清理工作台，并将服务垃圾分类投放至相应的垃圾桶中，将金属工具放入消毒盒中进行消毒、存放。

# 模块 二
# 指甲基本常识

## 学习单元一　指甲概述

### 一、指甲的构造

指甲的作用是保护指（趾）端。指甲被认为是皮肤的延伸，同皮肤和头发一样，都是由同一种蛋白质——角蛋白组成的，不过组成指甲的角蛋白要坚硬一些。

指甲的颜色呈白色半透明，光线可以透过。由于指甲透出了甲床下毛细血管的颜色，通过对指甲的观察，可以了解人体的健康状况，健康的身体其指甲光滑、亮泽，呈现出粉红色。

### 二、指甲的组成

指甲主要分为三部分：甲根、甲板和指甲前缘。如果细分，指甲由以下部分构成。

#### 1. 甲母

甲母位于指甲根部，其作用是产生组成指甲的角蛋白细胞。甲母含有毛细血管、淋巴管和神经，因此极为敏感。甲母是指甲生长的源泉，甲母受损就意味着指甲停止生长或畸形生长。修饰美化指甲时应极为小心，避免伤及甲母。

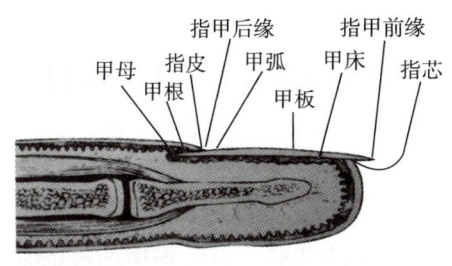 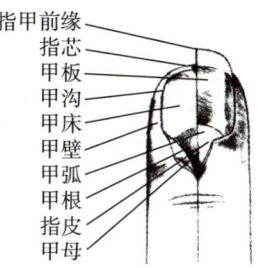

## 2. 甲根

甲根位于皮肤下面,较为薄软,其作用是以新产生的指甲细胞推动老细胞向外生长,从而促进指甲的更新。

## 3. 指皮

指皮是覆盖在甲根上的一层皮肤,它也覆盖着指甲后缘。

## 4. 指甲后缘

指甲后缘是指甲深入皮肤的边缘地带。

## 5. 甲弧

甲弧位于甲根与甲床的连接处,呈白色,半月形。需要注意的是,甲板并不是坚固地附着在甲母上,而是通过甲弧与之相连。

## 6. 甲板

甲板位于指皮与指甲前缘之间,附着在甲床上。甲板由几层坚硬的角蛋白细胞组成,本身不含有神经和毛细血管。清洁指甲前缘下的污垢时不可太深入,以免伤及甲床或使甲板从甲床上松动,甚至脱落。

### 7. 甲床

甲床位于甲板的下面，含有大量的毛细血管和神经。由于含有毛细血管，所以甲床呈粉红色。

### 8. 指甲前缘

指甲前缘是甲板顶部延伸出甲床的部分。打磨指甲前缘时应注意从两边向中间打磨，切勿从中间向两边来回打磨，否则有可能使指甲断裂。

### 9. 指芯

指甲前缘下的薄层皮肤叫指芯。剪短水晶甲前缘时，切勿将剪刀紧贴指芯，以免在剪断的瞬间，水晶甲的张力太大，造成指芯撕裂。

### 10. 甲沟

甲沟是指沿指甲周围的皮肤凹陷之处。

### 11. 甲壁

甲壁是甲沟处的皮肤。

**小贴士**

※ 脚指甲的结构与手指甲大致相同。

## 三、指甲的生长状况

指甲的生长和健康状况取决于身体的健康状况、血液循环情况和体内矿物质含量。许多因素都影响指甲的生长速度，每一个手指的指甲板都是以不同的速度生长的。

### 指甲板的生长速度
※ 手指甲板平均每月增长 3 mm，脚指甲板则要略慢一些。
※ 指甲板在夏季的生长速度要比冬季生长得快。
※ 女性在怀孕期间，其指甲板生长速度也会快一些。

### 血液正常循环的作用
※ 甲母层中有两种毛细血管：一种传送氧以及对甲母细胞非常重要的营养物质；另一种负责把废物和其他污物排出甲母层。
※ 正常的血液循环对维持手指健康起到了关键作用。

### 指甲板的化学成分
※ 通过对指甲板的剪切面分析表明，除了氨基酸和硫元素以外，指甲板还含有其他化学物质，其中一些是铁、铝、铜、银、金、钛、磷、钠和钙。

### 指甲板的强度和柔韧性
※ 强度：是指甲板抵御破坏的能力。指甲板的强度来自许多硫交联和其他类型的化学结合。
※ 柔韧性：决定了指甲板可弯曲的程度。指甲板的柔韧性多数应归于水分含量，水分含量过多会导致指甲过度变软、膨胀，反复软化和膨胀会对指甲板表面造成伤害。

## 学习单元二　指甲外形及护理技巧

### 一、指甲的外形

指甲的外部形状分为指甲板的形状和指甲前缘的形状。

#### 1. 指甲板的形状

指甲板的形状是指覆盖在甲床上的指甲形状,是与生俱来的。一般情况下,每个人同一只手上不同手指的指甲板形状也是不同的。常见的指甲板形状包括方圆形、椭圆形、圆形、喇叭形。

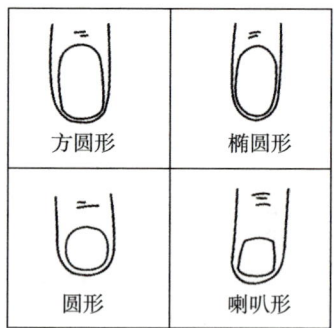

#### 2. 指甲前缘的形状

指甲前缘的形状是指尖处轮廓线的形状,一般被修剪成五种形状：方形、方圆形、椭圆形、圆形和尖形。脚指甲则一般被修剪为圆形或方形。

### （1）方形

方形指甲最为坚固、耐久，因为它的受力部位比较均匀，不易断裂，也不易妨碍顾客的日常活动。

### （2）方圆形

方圆形指甲最为时尚，也比较耐久，柔和自然的甲形适合任何顾客。

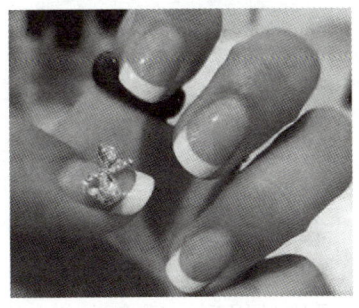

### （3）椭圆形

椭圆形指甲可以使指甲显得十分圆润饱满，给人一种温柔、含蓄的感觉，也有拉长指甲的视觉效果。

### （4）圆形

圆形指甲适用于手形纤长的顾客，也适用于甲床较短的顾客。这种甲形可以使指甲看起来圆润、可爱，给人活泼之感。

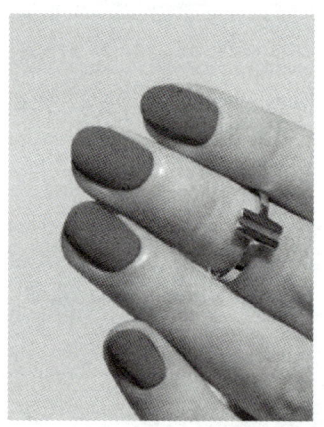

### （5）尖形

尖形指甲是古典风格的甲形，适合追求个性化需求的人群，它通常用来做水晶甲或艺术美甲，显得十分前卫和华丽。由于尖形指甲指尖接触面积小且易断裂，而亚洲人指甲较薄，一般不适于修成这种甲形。

## 二、指甲前缘形状的修整技巧

指甲的长短和形状取决于顾客的生活方式和个人喜好。不管顾客喜欢自然指甲还是水晶指甲,其形状都没有很大区别。

### 1. 打磨砂条的选择

为自然指甲打磨形状时,打磨砂条型号的选择见表2-1。打磨砂条的型号越低,砂条越具磨蚀性;型号越高,砂条越柔软。

表2-1 打磨砂条型号对照表

| 型号 | 特性 |
| --- | --- |
| 60号 | 具有极强的磨蚀性 |
| 80号 | 具有较强的磨蚀性 |
| 100号 | 具有磨蚀性,常用于刻磨和修整形状 |
| 180号 | 柔软,常用于打磨指甲轮廓和表皮护膜区域的轮廓 |
| 320号 | 非常柔软 |
| 400号 | 极柔软 |
| 4000号 | 柔软亮泽 |
| 12000号 | 极亮泽 |

将打磨砂条在手背上轻轻摩擦,如果觉得砂条比较粗糙,说明

其磨蚀性很可能超过自然指甲的承受力,因此需要选择一个更加柔软的,也就是号码更大的打磨砂条。如果使用的砂条磨蚀性过强,会使指甲断裂或剥落。

 常用的打磨砂条为 100 号和 180 号。100 号打磨砂条具有磨蚀性,而陶瓷打磨砂条与 180 号打磨砂条则相对柔软。

## 2. 自然指甲的打磨方法

### (1) 方形指甲

| 操作步骤 | |
|---|---|
| 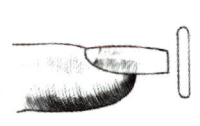<br>步骤 1<br>手握打磨砂条,使打磨面与指甲成 90° 角。 | 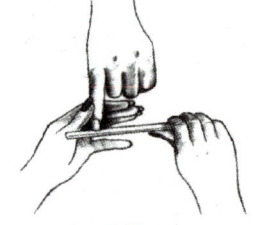<br>步骤 2<br>从两边向中间的方向打磨指甲前缘,先从一边向中间打磨 3 下,再从另一边向中间打磨 3 下。 |

### (2) 方圆形指甲

| 操作步骤 | |
|---|---|
| 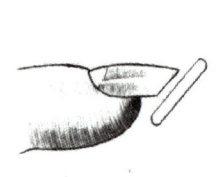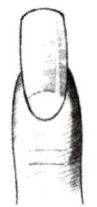<br>步骤 1<br>手握打磨砂条,使打磨面与指甲成 45° 角。 | 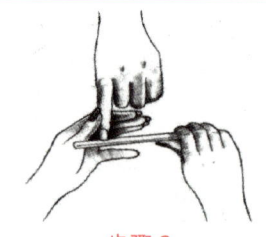<br>步骤 2<br>从两边向中间打磨指甲前缘。 |

## （3）椭圆形指甲

| 操作步骤 | |
|---|---|
| <br>步骤 1<br>平握打磨砂条，打磨面指向上方。 | 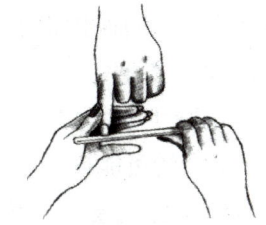<br>步骤 2<br>沿指甲前缘下面打磨。 |

### 注意事项

※ 指甲前缘形状为方形，耐久性相对更好。
※ 尖形指甲极易断裂，应提醒顾客注意。
※ 指甲前缘的长度不应超过指甲板的长度。
※ 切勿过度打磨指甲的两边，以免造成断裂。
※ 切勿在指甲表面前后或左右来回打磨，以防指甲断裂。
※ 打磨结束后，斜握打磨砂条，轻轻打磨指甲前缘，这一步骤可以消除粗糙的边缘并避免指甲剥落。

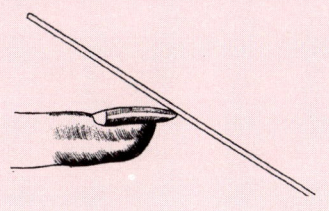

## 三、指甲的护理技巧

指皮的功能是保护指皮下面甲母的生长中心，防止水分、病菌及异物进入，从而保护指甲生长。如果过分修剪指皮或往后推指皮，其保护的功能就消失了，甲沟发炎的概率就会增加。

1. 尽量减少直接以指甲接触物品，或将指甲当作工具来使用，减少损伤指甲的可能性。

2. 若指皮已经萎缩，可每天以温水浸泡 10～15 min 后，用热毛巾擦干，轻轻按摩，让指皮重新生长。另外，可使用营养油涂抹指甲后缘，减少指皮裂开、脱落的情况。

3. 避免接触各种刺激物，如肥皂、有机溶剂等。如果必须接触刺激物，应尽可能戴保护性的手套。

4. 清洁指甲时，应先用一些具有抗菌作用的湿纸巾或酒精棉球进行清洁，若顾客的指芯非常敏感，可以使用超声波洗甲机，避免硬物伤及指芯。

# 模块 三
# 美甲材料与工具

## 学习单元一　常用美甲材料

美甲材料按其性能分为必备品、特殊用品两类。

## 一、必备品

在美甲服务过程中,美甲从业人员会用到各种各样的美甲用品,必备的美甲用品见表 3-1。

表 3-1　美甲必备品介绍

| 名称 | 具体功能 | 图示 |
|---|---|---|
| 消毒液 | ◎ 用于消毒工具,将工具在消毒液中浸泡一段时间进行消毒,一般浸泡 20 min 左右 |   |
| 消毒液容器 | ◎ 用于盛放消毒液和浸泡工具,起到消毒作用 | 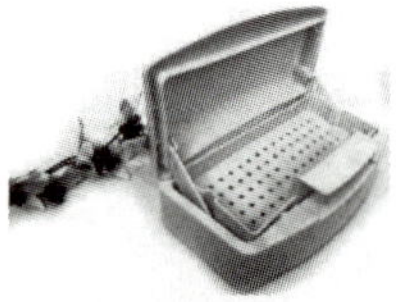  |
| 酒精 | ◎ 浓度为 75% 的乙醇溶液<br>◎ 用于清洗、消毒手部皮肤,也可用于消毒工具 |   |

续表

| 名称 | 具体功能 | 图示 |
| --- | --- | --- |
| 碘酒 | ◎ 用于刺伤、割伤及其他类型伤口的清洗处理 | 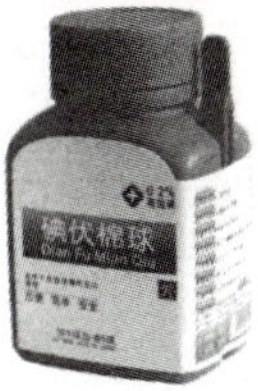 |
| 云南白药 | ◎ 呈粉末状,用于伤口止血,应按照使用说明使用 | 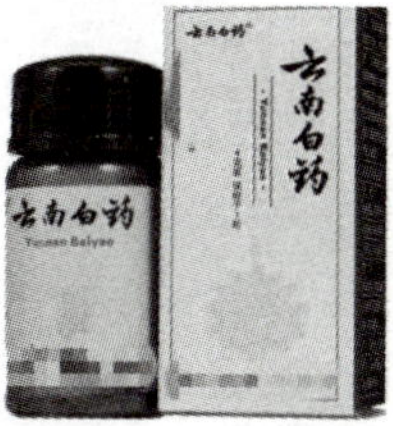 |
| 创可贴 | ◎ 用于保护已消毒的小型伤口 |  |
| 营养油 | ◎ 卸甲时,涂抹于除指甲板以外的指尖皮肤,隔离卸甲液,保护皮肤<br>◎ 美甲后,涂抹于指皮周边,滋润干燥的指皮 | 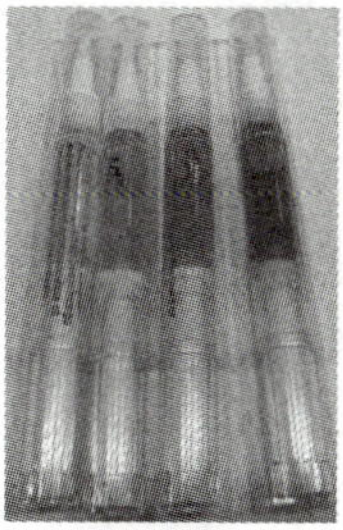 |
| 底油 | ◎ 透明或呈浅粉色<br>◎ 在涂彩色指甲油前使用,可增加彩色指甲油的附着力,防止彩色指甲油的色素沉着在指甲表面 |  |

续表

| 名称 | 具体功能 | 图示 |
|---|---|---|
| 彩色指甲油 | ◎ 有各种颜色，可根据顾客的喜好和需要选用 |  |
| 亮油 | ◎ 用于保护彩色指甲油，以增加其光泽度与持久度<br>◎ 亮油越黏稠，干燥时间越长，光泽度也就越高<br>◎ 亮油越稀，干燥时间越短，光泽度也就越低 |  |
| 指甲油速干剂 | ◎ 是一种易挥发溶剂，有滴剂形式和喷雾形式两种<br>◎ 涂抹或喷于指甲油表面，加速指甲油表面的干燥 |  |
| 棉花 | ◎ 用于清除指甲油或手指、指甲上的各种污渍 |  |
| 棉花容器 | ◎ 用于盛装棉花或棉片 |  |

续表

| 名称 | 具体功能 | 图示 |
|---|---|---|
| 橘木棒 | ◎ 用于制作棉签，清除甲沟、甲壁等处残留的甲油或胶水 |  |
| 粉尘刷 | ◎ 用于清洁修甲和打磨甲面产生的粉尘 |  |
| 浸手碗 | ◎ 用于浸泡手指，使用时应加入温水和适量的护理浸液，一般浸泡 5 ~ 10 min |  |
| 毛巾 | ◎ 用于擦干浸湿的双手或双脚 |  |
| 小剪刀 | ◎ 用于裁剪丝绸、纤维或装饰纸制品 |  |
| 小镊子 | ◎ 用于夹取指甲饰物或亮钻 | 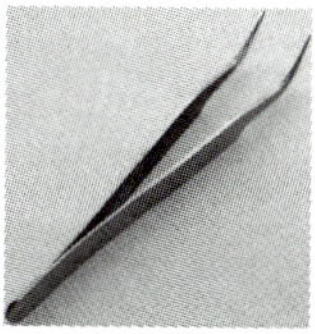 |

续表

| 名称 | 具体功能 | 图示 |
|---|---|---|
| 玻璃碗 | ◎ 可在玻璃碗中加水洗手<br>◎ 在卸甲时，倒入卸甲液，用于浸泡水晶指甲 |  |
| 隔趾海绵 | ◎ 可夹在脚趾间，让脚趾分隔开来，以便于甲油的涂抹 |  |
| 垃圾袋 | ◎ 用于盛装美甲过程中产生的废物、垃圾 |  |
| 一次性纸巾 | ◎ 铺在毛巾上，用于收集甲屑粉尘，或防止指甲油、甲油胶、颜料等用品污染毛巾<br>◎ 用于擦干浸湿的双手或双脚 |  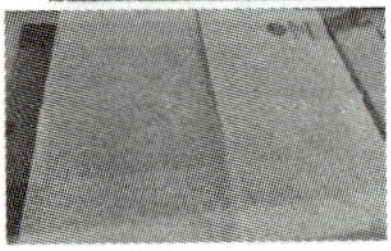 |
| 刮刀 | ◎ 用于从罐、瓶中取用产品，切勿用手指取用 |  |
| 甲片盒 | ◎ 用于盛放指甲贴片<br>◎ 可将指甲贴片按1～10号大小分别放置 |  |

续表

| 名称 | 具体功能 | 图示 |
| --- | --- | --- |
| 色彩展示板 | ◎ 用于展示指甲油或甲油胶的色彩 |  |
| 水晶甲练习板 | ◎ 用于在学习美甲初期练习水晶甲的制作手法 | 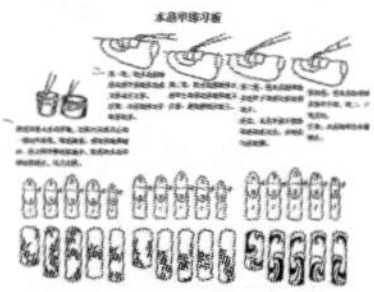 |
| 美甲颜料 | ◎ 用于绘制各种美甲图案<br>◎ 有丙烯颜料和水彩颜料两种，可根据绘制内容选择不同的颜料 |  |
| 调色盘 | ◎ 在美甲彩绘中，主要用于各种颜料的调配<br>◎ 一般有塑料制品、玻璃制品、陶瓷制品等，需要有一定的重量，以避免调色时晃动<br>◎ 常见的调色盘有两种：一种只有调色盘，另一种调色盘内自带固体颜料块 |   |
| 锡纸 | ◎ 在美甲过程中主要用于卸甲<br>◎ 锡纸能防腐蚀，具有很好的吸收功能 |  |

续表

| 名称 | 具体功能 | 图示 |
| --- | --- | --- |
| 卸甲棉 | ◎ 为卸甲的主要辅助用品或美甲过程中的擦拭品 |  |
| 卸甲包 | ◎ 含有卸甲水的棉片，可直接将其包裹在指甲上，应避免重复使用<br>◎ 能够卸除指甲表面的甲油胶、水晶甲或光效凝胶甲 |  |
| 手、足部护理套装 | ◎ 用于顾客手、足部的护理和保养 |  |
| 工作服 | ◎ 从业人员工作时穿着的制服 | 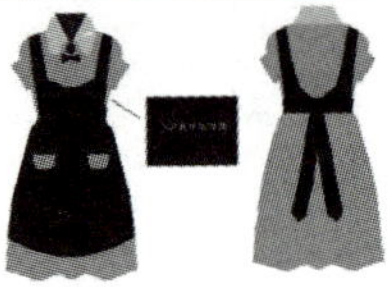 |

## 二、特殊用品

在进行不同的美甲项目服务过程中，使用的美甲用品会有一定的差异，有些用品比较特殊，无替代品，美甲特殊用品见表3-2。

表3-2 美甲特殊用品介绍

| 名称 | 具体功能 | 图示 |
| --- | --- | --- |
| 洗甲水 | ◎ 主要成分是丙酮，用于去除涂抹在自然指甲上的指甲油 |  |

模块三 | 美甲材料与工具

续表

| 名称 | 具体功能 | 图示 |
|---|---|---|
| 卸甲水 | ◎ 主要成分是有机物质，用于去除自然指甲上的甲油胶和甲面附着物 |  |
| 丙酮溶液 | ◎ 用于清洁刷子或去除胶水、指甲油和其他附着物 |  |
| 护理浸液 | ◎ 在浸泡手、足部的时候，将护理浸液加入水中，用于清洁、滋润皮肤 | 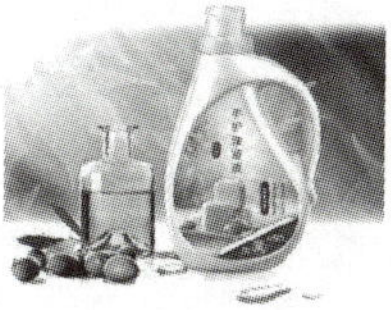 |
| 指皮软化剂 | ◎ 涂抹于指甲后缘的指皮上，可软化指皮，使之易于去除 | 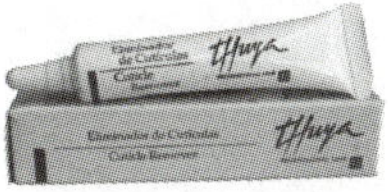 |
| 清洁类产品 | ◎ 用于手、足部皮肤的清洁<br>◎ 具有清洁、杀菌、滋润的作用 |  |
| 去角质类产品 | ◎ 用于去除手、足部皮肤上的过厚角质层，使皮肤细腻光滑 |  |

续表

| 名称 | 具体功能 | 图示 |
| --- | --- | --- |
| 按摩类产品 | ◎ 用于手、足部护理中的按摩服务<br>◎ 通常含有甘油基质，能够使皮肤保持水分，用于去除干燥、易剥落的皮肤角质层 |  |
| 手、足膜产品 | ◎ 主要作用是增强皮肤吸收营养成分的效果，有美白、深层滋润的作用<br>◎ 大多数是膏霜状，还有手套、足套式产品 | 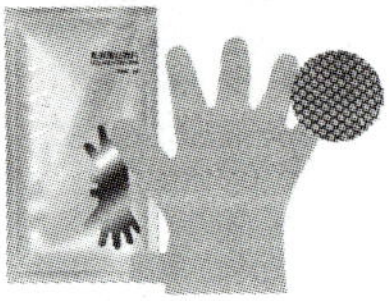 |
| 护理类产品 | ◎ 通常有精华液、精华乳、护手霜、护足霜等，具有滋润保湿的作用 |  |
| 防晒类产品 | ◎ 用于预防手、足部光晒造成的皮肤老化 |  |
| 指甲贴片 | ◎ 有全贴、半贴、浅贴等多种款式<br>◎ 将指甲贴片粘贴在自然指甲上，可以起到美化指甲的作用 | 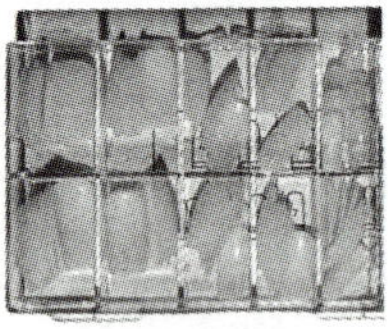 |
| 贴片胶 | ◎ 用于粘贴指甲贴片或指甲上的装饰物等 | 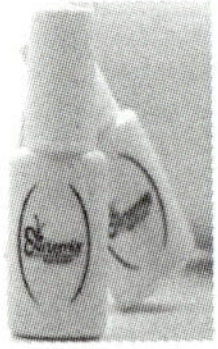 |

模块三 | 美甲材料与工具

续表

| 名称 | 具体功能 | 图示 |
|---|---|---|
| 接痕溶解剂 | ◎ 用于涂抹在自然指甲和指甲贴片的接合处，能起到溶解、去薄接合处痕迹的作用 |  |
| 消毒干燥黏合剂 | ◎ 用于自然指甲表面杀菌脱水，使水晶指甲更牢固地紧贴于自然指甲上 |  |
| 平稳托 | ◎ 用于放置消毒干燥黏合剂的瓶子 |  |
| 指托板 | ◎ 将指托板固定于自然指甲上，用于制作延长甲的前缘 | 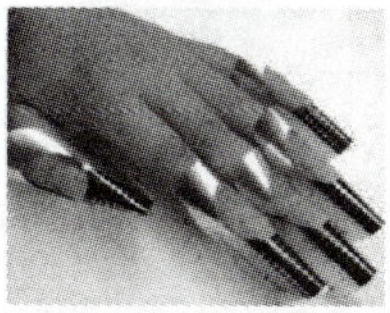 |
| 水晶笔 | ◎ 由动物尾毛制作而成，是制作水晶指甲的专用工具<br>◎ 笔毛越多，可蘸取的甲粉量越多 |  |
| 甲液杯 | ◎ 用于盛放水晶甲液，使用过程中为避免药液挥发，用后必须盖好杯盖 |  |

35

续表

| 名称 | 具体功能 | 图示 |
|---|---|---|
| 水晶甲液 | ◎ 是一种化学制剂,与水晶甲粉混合后所产生的物质可以制作水晶指甲 |  |
| 水晶甲粉 | ◎ 水晶甲粉是粉状物,与水晶甲液混合后所产生的物质可以制作水晶指甲 |  |
| 雕花粉 | ◎ 是一种水晶甲粉,需要与水晶甲液一起使用<br>◎ 主要用于水晶指甲表面和内部进行雕塑造型,为了方便区分,因此叫雕花粉 |  |
| 洗笔水 | ◎ 是一种特制化学液体,用于清洁使用过的水晶笔 | 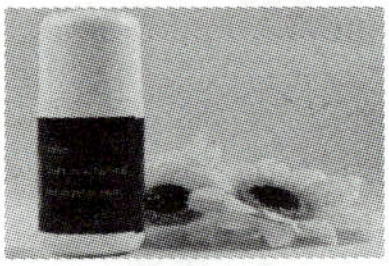 |
| C弧定型器 | ◎ 在制作水晶甲过程中,塑造指甲前缘形状时使用的工具<br>◎ 由金属材料制成的圆管,直径大小不等,分别对应拇指到小指的指甲前缘形状 | 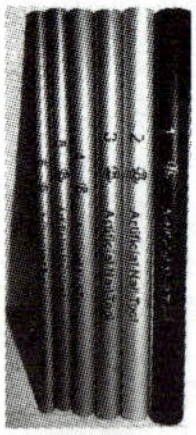 |
| 人造指甲卸甲水 | ◎ 是一种化学制剂,用于卸除各种人造指甲 |  |

模块三 | 美甲材料与工具

续表

| 名称 | 具体功能 | 图示 |
|---|---|---|
| 抛光蜡 | ◎ 将少量抛光蜡涂抹于自然指甲上,与羊皮刷配合使用,可抛光自然指甲 |  |
| 底胶 | ◎ 又称结合剂、黏结胶等<br>◎ 主要用于隔离打磨后的自然指甲与甲油胶,增强甲油胶附着力,类似于底油的作用 |  |
| 甲油胶 | ◎ 用于指甲表面,装饰指甲,可分为单色胶、透明胶、猫眼胶、亮片胶等<br>◎ 需要通过紫外线照射固化 |  |
| 封层胶 | ◎ 既可以起到密封和保护的作用,又可以使甲面长时间保持光泽,增加持久性和耐磨度<br>◎ 根据其不同的特性,主要分为擦洗封层、免洗封层、磨砂封层和雾面封层等 |  |
| 光效凝胶 | ◎ 用于指甲表面,其特点是光亮度和透明度高、无味、不变黄、自然轻巧、韧性好<br>◎ 需要通过紫外线照射固化 |  |
| 光效延长胶 | ◎ 用于指甲延长和丰满自然指甲 |  |

美·甲

续表

| 名称 | 具体功能 | 图示 |
| --- | --- | --- |
| 雕花胶 | ◎ 在指甲表面制作立体造型效果的凝胶 |  |
| 凝胶笔 | ◎ 用于涂抹凝胶，使用后应用清洁剂清洗，避光保存<br>◎ 可根据指甲的面积来选择不同型号的凝胶笔，提高操作效率 | |
| 凝胶灯 | ◎ 一种特制的紫外线照射灯，有定时功能<br>◎ 它所发出的紫外线灯光会与凝胶中的某些物质发生反应，使凝胶在指甲表面固化成形 |  |
| 清洁剂 | ◎ 可清洁固化凝胶表面的黏稠物质 |  |
| 小苏打 | ◎ 将两茶匙小苏打溶于约 100 mL 水中，可用于缓解消毒干燥黏合剂造成的痛痒感 |  |
| 人造钻石、吊饰 | ◎ 将人造钻石、吊饰等用胶水粘贴在指甲表面，用于点缀和装饰 | 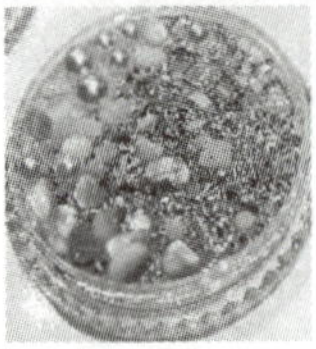 |

续表

| 名称 | 具体功能 | 图示 |
|---|---|---|
| 彩绘笔 | 排笔<br>◎ 主要用于绘制各种图案<br>◎ 可以在笔头上蘸取至少两种颜色的颜料，然后在指甲表面通过笔的轻微旋转画出装饰性强的图案 |  |
| | 描线笔<br>◎ 笔毛较少，细而长，常用于画线<br>◎ 勾勒线条时主要运用手腕的旋转来达到流畅的效果<br>◎ 颜料蘸取量原则上不宜过于饱和，需要根据所画线条的粗细来调整笔的大小 | 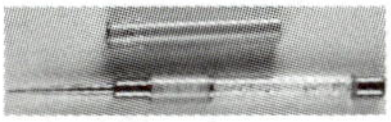 |
| | 造型毛笔<br>◎ 笔杆较长，既可以勾勒细节，又可以画大面积的形体，一支笔即可满足创作一幅作品的需求<br>◎ 颜料蘸取量可根据画面需要自由掌控 |  |
| 雕花笔 | ◎ 是制作水晶指甲的重要工具<br>◎ 用于将水晶粉与水晶甲液加以适当的调和，进行塑形 |  |
| 戳戳渐变笔 | ◎ 用于做渐变、晕染、纹理、格纹的绘制，如实现动物毛绒感、草地、星空等效果 |  |
| 扇形笔 | ◎ 用于做渐变，涂抹亮片，绘制不规则的线条、格纹纹理等 | 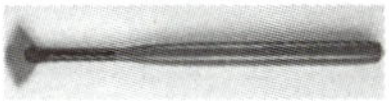 |
| 点珠笔 | ◎ 又称点钻笔，笔头圆珠有不同大小<br>◎ 用于快速绘制大小不同的圆点图案，或蘸取小的美甲饰品 | 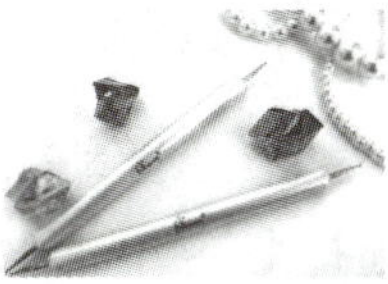 |
| 万能笔 | ◎ 属于多功能笔<br>◎ 用于晕染、彩绘等，可绘制花瓣、树叶 |  |

续表

| 名称 | 具体功能 | 图示 |
|---|---|---|
| 黑卡纸 | ◎ 用于练习排笔手绘的纸张 |  |

## 三、选用原则

### 1. 指皮软化剂的选用原则

应根据皮肤的含水量选择 pH 值为 9～10（碱性）、气味纯正的优质产品。

### 2. 营养油的选用原则

应选择液体清澈透明、无浑浊物、气味纯正、滋润性佳的优质产品。

### 3. 底油的选用原则

应选择涂抹后光泽度高、质地细腻、不易脱落的优质产品。

### 4. 彩色甲油的选用原则

应选择黏稠度适中、光泽度高、质地细腻、易干的优质产品。选择彩色甲油时，应根据季节特点，顾客的肤色，服装的款式、颜色、图案来决定，最重要的是征求顾客的意见，以顾客的喜好为主。

### 5. 亮油的选用原则

应选择黏稠度适中、光泽度高、气味纯正、易干的优质产品。

### 6. 甲油胶的选用原则

应选择黏稠度适中、光泽度高、易上色的甲油胶。

## 学习单元二　常用美甲工具

常用的美甲工具按功用分为修剪用具、打磨用具、美甲设备三大类。

## 一、修剪用具

指甲修整是美甲的重要工作程序之一，在美甲服务过程中，要掌握修剪用具的使用方法，避免顾客指甲受到损伤。常见的美甲修剪用具见表3-3。

表3-3　修剪用具介绍

| 名称 | 具体功能 | 图示 |
| --- | --- | --- |
| U形剪 | ◎ 用于修剪贴片指甲的前缘长度，可一次性完成修剪，省时、快捷<br>◎ 在使用时切勿紧贴指芯，以免指甲断裂时的张力撕伤指芯 | 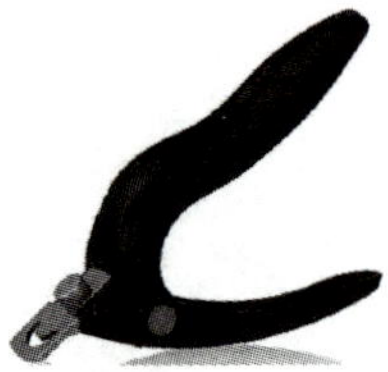 |
| 水晶钳 | ◎ 仅在清除松动的水晶指甲时使用<br>◎ 勿用指皮剪代替，以免造成工具损坏 | 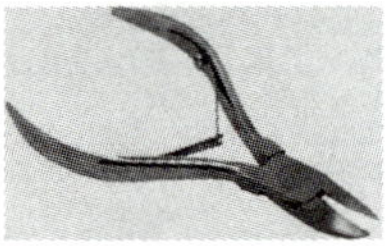 |
| 指甲刀 | ◎ 用于修剪所有类型指甲的长短或形状，包括自然指甲、贴片指甲、水晶指甲、凝胶指甲等 |  |

续表

| 名称 | 具体功能 | 图示 |
| --- | --- | --- |
| 指皮推 | ◎ 用于推起指甲后缘处松弛的指皮<br>◎ 多为不锈钢材质，使用时要注意力度，不可用力过猛刮伤指皮 |  |
| V形推叉 | ◎ 用于推起指甲甲沟、甲壁处的硬指皮 |  |
| 指皮剪 | ◎ 用于剪去多余的指皮<br>◎ 使用后刀口要向上，并用保护套套好刀口 | 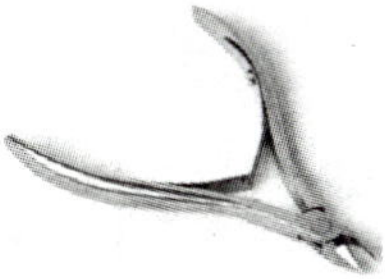 |

## 二、打磨用具

美甲打磨用具常用于指甲表面和前缘的修整，打磨不同的部位要使用不同的打磨用具，以此来达到想要的修整效果，方便且快捷。常见的美甲打磨用具见表3-4。

表 3-4　打磨用具介绍

| 名称 | 具体功能 | 图示 |
| --- | --- | --- |
| 电动打磨机 | ◎ 用于清洁指甲前缘，修复水晶指甲，打磨、抛光、修整甲面和边缘指皮等 |  |

续表

| 名称 | 具体功能 | 图示 |
|---|---|---|
| 去角质磨头 | ◎ 磨头为小球形、椭圆形<br>◎ 用于磨除指甲边缘的死皮和硬茧等 |  |
| 打磨磨头 | ◎ 磨头为圆柱形、玉米形，根据磨头齿密度分为粗磨磨头（C号）、细磨磨头（F号、XF号）<br>◎ 用于人造指甲卸除、甲面的打磨或修形 | 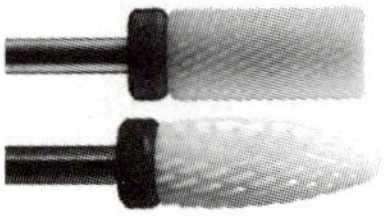 |
| 修形磨头 | ◎ 用于指甲内外侧、前缘、后缘的打磨 |  |
| UNC磨头 | ◎ 全称 Under Nail Cleaner Bit<br>◎ 用于清理指甲底部，修整指甲前缘弧度 |  |
| 清洁磨头 | ◎ 用于清理指甲前缘甲底的污垢，磨除指甲边缘残留的甲油胶、胶水等 |  |
| 陶瓷打磨砂条 | ◎ 用于各种美甲制作中的打磨 | 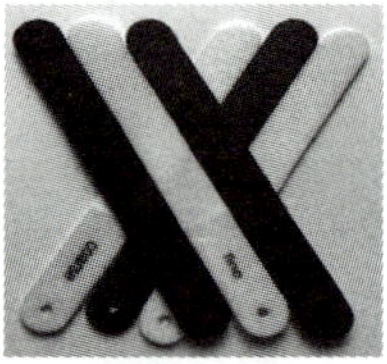 |
| 100号打磨砂条 | ◎ 砂条颗粒较粗，具有磨蚀性<br>◎ 用于水晶指甲服务中的大量打磨，也用于修整水晶指甲的形状和其他打磨 | 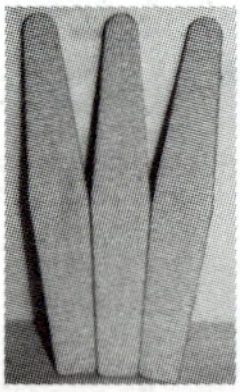 |
| 180号打磨砂条 | ◎ 砂条颗粒较细<br>◎ 用于指皮周围的修磨，水晶指甲甲面的打磨和自然指甲前缘的打磨，使其更加光滑平整 |  |

续表

| 名称 | 具体功能 | 图示 |
| --- | --- | --- |
| 砂棒 | ◎ 用于去除自然指甲上的凸起和皮肤上的污点 |  |
| 搓脚板 | ◎ 用于去除脚上的老茧 |  |
| 海绵砂条 | ◎ 用于自然指甲和人造指甲的打磨 |  |
| 自然甲抛光块 | ◎ 分为三角体或长方体，两面、三面或四面贴有砂纸，握在手中极为舒适<br>◎ 可代替海绵砂条，用于自然指甲和水晶指甲的抛光<br>◎ 抛光块与营养油配合使用，可以把水晶指甲打磨光滑 | 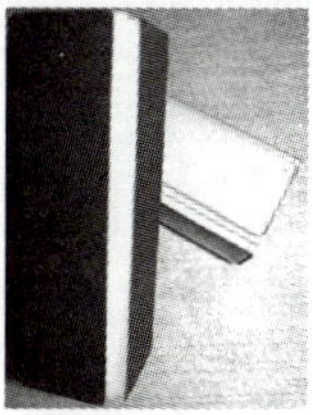 |
| 抛光条 | ◎ 为长条形，正反两面贴有细砂纸或可用来抛光的特殊材料<br>◎ 用于甲面抛光 |  |
| 羊皮刷 | ◎ 羊皮刷为羊皮面，配合抛光蜡在自然指甲上打磨、抛光 |  |

### 注意事项

※ 打磨工具非一次性用品，使用后必须消毒。

※ 用砂条打磨自然指甲时，要始终沿一个方向进行，切忌来回打磨，以免温度升高损伤指甲。

## 三、美甲设备

在美甲店经营中,除了必备的美甲材料和用具以外,还需要一些专业设备,用以提高美甲从业人员的工作效率,并为顾客提供高质量、舒适的美甲服务。常用的美甲设备见表3-5。

表3-5 美甲设备介绍

| 名称 | 具体功能 | 图示 |
| --- | --- | --- |
| 美甲工作台 | ◎ 为顾客提供美甲服务时的操作台 |  |
| 台灯 | ◎ 用于工作时的照明<br>◎ 最好固定于工作台上,既便于控制调节,又不易翻倒 |  |
| 托盘 | ◎ 用于盛放美甲工作时所需的工具和化学品 |  |
| 美甲作品展示板 | ◎ 用于展示事先制作好的美甲作品 | 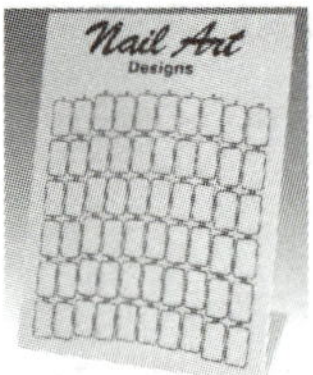 |
| 垫枕 | ◎ 用于托垫顾客的胳膊<br>◎ 专门制作或用毛巾包裹海绵制成 |  |

续表

| 名称 | 具体功能 | 图示 |
| --- | --- | --- |
| 足部护理专用凳 | ◎ 在为顾客做足部护理时用于放置顾客的双脚 |  |
| 工具箱 | ◎ 用于盛放美甲工具和材料 |  |
| 足浴盆 | ◎ 用于足部护理时浸泡顾客的双脚<br>◎ 接通电源后可一直加热,并在加热到一定温度时保持恒温<br>◎ 每位顾客使用完后均要彻底地清洁及消毒 | 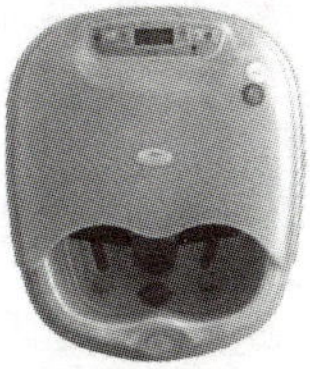 |
| 蜡膜机 | ◎ 又称蜡疗仪,用于加热融化蜜蜡,为顾客做手、足护理时制作蜡膜 |  |
| 电热手套 | ◎ 用于手部护理<br>◎ 根据不同的需要进行温度调控切换,促进手部血液循环以及营养的吸收 | 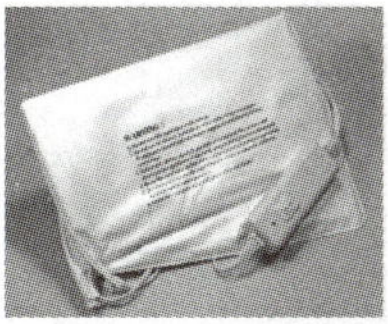 |
| 电热足套 | ◎ 用于足部护理,作用与电热手套相同 | 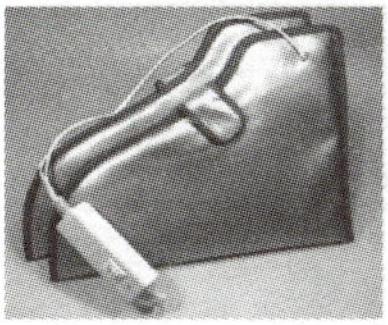 |

续表

| 名称 | 具体功能 | 图示 |
|---|---|---|
| 美手太空舱 | ◎ 具有红蓝双色特定波功能、热蒸理疗功能、超声雾化导入功能<br>◎ 用于手部护理，具有补水、保湿的作用，配合相关产品使用可以改善双手皮肤干燥粗糙，避免长倒刺等 |  |
| 甲油烘干机 | ◎ 用于烘干刚完成美甲后甲面未干的指甲油 | 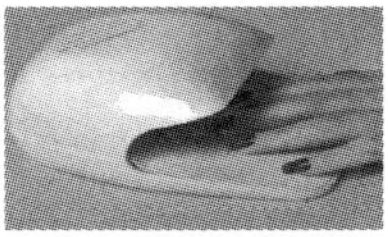 |
| 超声波卸甲机 | ◎ 加入卸甲液，通过加热振动可脱去水晶指甲<br>◎ 加入清水，清洗指芯敏感顾客的指甲 |  |
| 喷嘴塑料瓶 | ◎ 用于装液体、溶剂等，一般容量为2～40 mL |  |
| 手模型 | ◎ 用于练习做水晶指甲 | 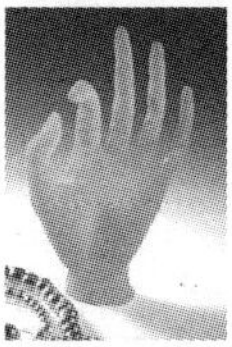 |
| 甲托 | ◎ 用于练习美甲或打板 |  |
| 名签 | ◎ 用于注明美甲从业人员的姓名和专业级别 |  |

续表

| 名称 | 具体功能 | 图示 |
|---|---|---|
| 饰品收纳盒 | ◎ 用于盛放人造钻石或小型指甲饰品 |  |
| 消毒柜 | ◎ 用于存放干净的毛巾、美甲工具及用品 | 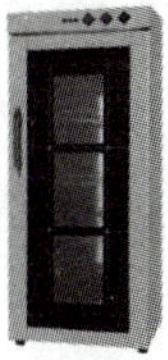 |

# 模块 四
# 美甲卫生与安全

## 学习单元一　细菌常识

细菌无处不在，人体皮肤表面（如手上、指甲里）也存在着细菌。美甲从业人员需要了解一些细菌知识，每天应给工作间至少做一次消毒，美甲工具要做到"一客一消毒"，保持环境和用品的清洁，防止病菌传播。

### 一、细菌的生长繁殖

细菌每 20 min 繁殖一次，即一天繁殖 72 次。细菌的繁殖过程是：吸收营养，体积膨胀，然后 1 个细菌繁殖为 2 个，接着 2 个变为 4 个，4 个变为 8 个，如此循环。因此一个细菌在一天之内有可能变成几百万个。

细菌喜欢生长在潮湿、阴暗的地方，因为这样的环境有充足的食物供其繁殖。在适宜的环境下，细菌的生长繁殖是极为活跃的。但是如果缺乏适宜的食物、水分或温度条件，细菌就会处于不活跃的状态而形成孢子。孢子有坚硬的外壳，可以使其在恶劣的环境下生存，直至遇到适宜的环境重新恢复活力进行繁殖。正因为孢子有坚硬的外壳，所以能抵御热、冷和杀虫剂，它比活跃的细菌更难对付。

## 二、细菌的传播

细菌无孔不入。当人受凉或者极度疲乏时,由于免疫力下降,病原菌就有可能侵入人体。细菌传播的途径包括以下几种。

### 1. 空气传播

患者咳嗽、打喷嚏时将病原菌带入空气中,这些病原菌有可能通过呼吸道进入他人体内。

### 2. 食物传播

长期暴露于空气中未经处理的食物极易被细菌污染,因此生吃食物前需要进行彻底清洗。

### 3. 接触传播

细菌可通过接触患者使用的茶杯、工具,或与患者握手和进行亲密接触等方式传播。

### 4. 水传播

细菌可通过饮用不洁净的水、用被细菌污染的水洗澡或清洗用品等方式传播。

### 5. 动物传播

动物传播是指被叮咬过细菌感染者的蚊虫所叮咬等方式传播病原菌。细菌有可能从呼吸道、消化道或伤口进入人体。在人体内,细菌通过鞭毛在血液和细胞质里运动。因此,身体某一部分发生细菌感染,若不重视,就极有可能扩散到身体的其他部位。

## 学习单元二　美甲卫生常识

### 一、个人卫生

美甲从业人员应该注意个人卫生，保持良好的个人卫生需要做到以下几点。

#### 1. 勤洗澡，每天保持清洁

美甲从业人员必须保持体味清新，每天工作之前必须做好个人卫生。

#### 2. 避免共用生活用品

避免共用毛巾、茶杯等生活用品，积极采取卫生防范措施，养成良好的卫生行为习惯。

#### 3. 避免口腔异味

早晚和饭后要刷牙，定期检查牙齿，为顾客提供面对面服务时应戴防尘口罩。

#### 4. 定期体检

保证健康上岗是对美甲从业人员的基本要求，要定期进行健康检查。

### 5. 衣着要洁净合体

美甲从业人员工作时应穿清洁干净的工作服，衣着整洁、合体是基本要求。

### 6. 保持手和指甲的清洁

美甲从业人员操作时会与顾客皮肤发生接触，因此应清洁双手或者戴美甲专用手套。

### 7. 勿戴过于花哨的首饰

工作中佩戴过于花哨的首饰不便于各项服务操作。

## 二、环境卫生

美甲环境的卫生要求包括以下几点。

### 1. 无尘

所有工具、材料、桌椅、墙壁、天花板、地板等须洁净、无灰尘。

### 2. 明亮、通风

工作间照明充足，温度适宜，通风条件良好。

### 3. 供应冷、热水

有充足的冷、热水供应。

### 4. 电线、电器接头妥善放置

所有电线、电器接头处均应妥善放置。

### 5. 卫生间配置齐全

卫生间内应有冷、热水，洗手液，纸巾供应。

### 6. 不得饲养宠物

室内不得饲养猫、狗、鸟等宠物。

## 三、美甲用品及工具的消毒

消毒是使美甲工具保持清洁，免受细菌污染的必要措施。其目的在于预防疾病、保障顾客和美甲从业人员的健康。

常用的消毒方法有物理消毒法、化学消毒法，具体方法如下。

**物理消毒**

※ 物理消毒主要是直接将美甲工具煮沸，或放入消毒柜进行消毒。
※ 消毒柜一般分为毛巾消毒柜、工具消毒柜及餐具消毒柜。
※ 毛巾消毒柜一般有远红外线高温消毒、臭氧杀菌、紫外线消毒的功能，可用于毛巾的消毒。
※ 工具消毒柜主要采用紫外线消毒，是针对一些美甲工具进行消毒。
※ 餐具消毒柜主要采用高温及臭氧消毒，用于茶杯等餐具的消毒。

**化学消毒**

※ 化学消毒是将美甲工具浸泡在特定的消毒液中，或使用浓度75%的酒精均匀喷洒在美甲工具的表面上进行消毒。

细菌最有可能通过脏手、脏指甲、不洁净的毛巾和工具等进行传播，因此美甲从业人员应该具备强烈的卫生与消毒意识，在工作中需要注意下列事项：

1. 每天穿着干净的工作服。

2. 工作台、抽屉、壁橱和工具须保持清洁。

3. 毛巾须清洁，用过的毛巾应放在专门的容器里，容器须加盖。

4. 所有工具在使用前均必须消毒。

5. 使用过的工具不得与干净的工具混放，工具使用后须立即从工作台上拿走。

6. 使用化学品时勿与眼睛接触，使用后要洗手。

7. 化学品使用或混合使用须遵循产品说明的要求。

8. 化学品应小心轻放，一旦外流应立即清洗。

9. 所有容器均须加盖并全部贴上标签，未贴标签的瓶子里的化学品不得使用。

10. 用于消毒的化学品须置于干燥阴凉处。

11. 任何东西掉落在地板上，未经消毒均不得使用。

12. 所有废弃物品均不能扔在地板上，必须置于专门的容器内，加盖密闭。

13. 使用乳剂及其他半液体化学品时，勿用手直接从容器中拿取，应用小刮刀取于专门容器中，用多少取多少。

14. 使用洗液及其他液体时，应先将其滴入专门容器内，再用棉签等工具从专门容器中拿取，用多少取多少。

15. 浸手碗和做干裂手护理时的加热杯应专人专用。

16. 使用打磨砂条时应注意，未经消毒绝对不能用同一根砂条为不同的顾客打磨指甲，除非是一次性的、纸质的打磨砂条（纸质的打磨砂条不可消毒）。

17. 当完成服务后，须用金属刷清除磨头的灰尘和残留物，或者将其浸泡在丙酮溶液中，取出后用热的肥皂水洗净残留的杂质。将磨头浸泡在消毒液中，一定时间后取出晾干，并保存在一个清洁干燥的消毒容器中。

## 学习单元三　安全用电常识

1. 不要贪便宜购买假冒伪劣电器、电线、线槽（管）、开关、插头、插座等。

2. 不要私自或请无资质的人员拉电线及接用电设备。

3. 使用电器时，应先插电源插头，后开电器开关；用完后，应先关掉电器开关，后拔电源插头；在插拔插头时，要用手握住插头绝缘体，不要拉住导线使劲拔。

4. 不要用湿手接触开关、插座、插头和各种电器等带电设备，不要用湿布擦带电设备。

5. 移动电器设备时必须切断电源。

6. 发现破损电线要及时更换或用绝缘胶布扎好，禁止用普通医用胶布或药膏片包扎。

7. 使用大功率电器时，不得与其他功率较大的电器同时使用，以防线路过载引起火灾。

8. 通常电器设备使用完毕要及时切断电源，以免因电器长时间工作导致温度过高而发生事故。

9. 发现电器设备冒烟或闻到异味时，要迅速切断电源进行检查。

10. 遇到电器设备冒火，一时无法判明原因时，不得用手拔插头，应先切断电源再灭火。

11. 在户外时，若发现电线断落在地面上，不要靠近，应就近及时报告有关部门处理。

12. 发现有人触电时,千万不要用手推拉触电者,应迅速切断电源或用木棒等绝缘物使触电者脱离电源,并就地抢救或及时向医疗急救机构求救。

13. 对经常使用的电器,应保持其干燥和清洁,不要用汽油、酒精、肥皂水、去污粉等有腐蚀性或导电性液体擦抹电器表面。

14. 电器损坏后要请专业人员或送修理店修理,严禁非专业人员在带电情况下打开电器外壳。

# 模块 五
# 接待与咨询

## 学习单元一 接 待

### 一、美甲各类服务项目名称

美甲服务就是为顾客提供符合其要求的手、足部护理和美甲制作项目,美甲从业人员在接待顾客的过程中,不仅要全面掌握美甲知识,还要熟悉各种美甲服务项目的内容、价格和服务时间,美甲各类服务项目名称如表5-1所示。

表5-1 美甲各类服务项目名称

| 项目 | 内容 |
|---|---|
| 手、足部基础护理 | ◎ 自然指甲基本护理<br>◎ 标准手、足部护理<br>◎ 手、足部美白护理<br>◎ 手、足部干裂护理 |
| 彩妆甲制作 | ◎ 手、足部法式修甲<br>◎ 甲油胶彩绘指甲<br>◎ 颜料手绘指甲<br>◎ 喷绘指甲<br>◎ 装饰彩线、贴花、亮片<br>◎ 镶嵌各式钻石、吊饰、装饰物品<br>◎ 数码转印 |
| 贴片甲制作 | ◎ 全贴贴片指甲<br>◎ 半贴贴片指甲<br>◎ 浅贴贴片指甲<br>◎ 各种贴片指甲的卸除 |

续表

| 项目 | 内容 |
|---|---|
| 粉胶甲制作 | ◎ 粉胶指甲<br>◎ 法式浅贴贴片粉胶指甲<br>◎ 各种粉胶指甲的卸除 |
| 水晶甲制作 | ◎ 半贴贴片水晶指甲<br>◎ 法式浅贴贴片水晶指甲<br>◎ 单色水晶指甲<br>◎ 法式水晶指甲<br>◎ 国际标准法式水晶指甲<br>◎ 彩色水晶指甲<br>◎ 内雕水晶指甲<br>◎ 外雕水晶指甲<br>◎ 时尚创意复合水晶指甲<br>◎ 各种水晶指甲的修补<br>◎ 各种水晶指甲的卸除 |
| 光效凝胶甲制作 | ◎ 法式浅贴贴片光效凝胶指甲<br>◎ 单色光效凝胶指甲<br>◎ 法式光效凝胶指甲<br>◎ 彩色光效凝胶指甲<br>◎ 内雕光效凝胶指甲<br>◎ 时尚创意复合光效凝胶指甲<br>◎ 各种凝胶指甲的修补<br>◎ 各种凝胶指甲的卸除 |
| 问题指甲的处理及美化 | ◎ 残指甲修复<br>◎ 畸形指甲矫正<br>◎ 灰指甲处理及美化<br>◎ 霉变指甲消毒及处理 |

由于全国各地的物价水平不同，所以，美甲各类服务项目的收费标准应根据当地实际情况灵活制定。

## 二、接待工作

接待顾客是一门学问。友好、热情、周到的接待，决定着顾客对美甲店的最初印象,是重要的初始环节。

### 1. 接待新顾客

#### (1) 迎宾

由迎宾人员面带微笑地在大门口主动为顾客开门,或站立在柜台前迎接。

#### (2) 问候

目光亲切地注视顾客的眼睛,说出温暖的问候语,如"您好,欢迎光临"等。征得顾客同意后,帮助拎拿顾客手中的物品(如购物袋等),并主动帮顾客挂外衣、围巾等。

#### (3) 观察

观察顾客的衣着、神态、妆容和年龄等方面的特征,确定其消费类型。如稳重型消费者追求实惠,时尚型消费者追求新颖,表现型消费者酷爱模仿,品牌型消费者追求名牌。

#### (4) 沟通

请顾客坐下,并为其送上一杯温水。了解顾客是否住在附近,是否独自驾驶,以及顾客的工作环境、职位、经常出入的场合、美甲的目的。

#### (5) 介绍

主动递上价目表或图片册,了解顾客的一些情况,根据观察和了解到的信息,为顾客介绍适合的美甲服务项目和收费标准,并为顾客推荐适合的人员为其服务。

#### (6) 安置

引导顾客坐在接受服务的位置上,将顾客的要求准确地告诉为其服务的人员，准备开始服务。

## 2. 接待老顾客

（1）做好每天的工作计划，准备好老顾客名单和预约时间表。

（2）不要迟到，如果因为某种原因晚到，一定要事先打电话通知顾客。

（3）如果因为顾客太多，当天做不完或者有的顾客有急事不能久等，应请同事为其服务或重新预约时间。

（4）不要在顾客面前谈论过多的个人问题，尤其是有关隐私的问题，也不要谈论其他的顾客。

（5）不要和老顾客开过分的玩笑，不要叫老顾客的外号。

（6）经常向顾客传播美甲文化，与老顾客多谈谈美甲服务及美甲方面的最新资讯，听取顾客的想法，了解顾客的需要，这对于提高自身服务素质及技术能力都很有帮助。

## 学习单元二 咨　询

### 一、询问

了解顾客的美甲情结和经历，以及对美甲服务的要求，以便向顾客推荐适合的服务项目。例如，可以向顾客询问：您经常做美甲吗？您平时是怎样护理自己的双手的？您平常在什么情况下会想到做美甲？您周围的朋友有喜欢美甲的人吗？您对留指甲的人有什么看法吗？您喜欢长一些的指甲还是短一些的指甲？您喜欢什么形状的指甲前缘？

### 二、解答

以职业化的态度接听顾客的电话、接待来访者，准确回答顾客提出的各种问题，并应做到以下几点。

1. 态度和蔼可亲，语速保持中速，吐字清晰。
2. 认真倾听顾客的提问，回答应条理清晰、详细明了。
3. 对于咨询内容过于复杂的顾客，不应有反感情绪，要耐心倾听。

以下为美甲从业人员在工作中常遇到的顾客提问。

【问题1】你们店里做美甲都有什么价格？有无团购？

答：首先，询问顾客需要哪种类型的美甲服务，根据顾客的需求，给出每种服务的大致价格范围。

其次，了解顾客的预算范围，以便为其推荐合适的服务。如果店内有任何优惠活动或折扣，需要主动告知顾客，以吸引顾客进行消费。

最后，要提醒顾客，服务价格因材料和技术复杂程度不同而有所不同，也会因节假日或淡、旺季等时间因素有所波动。

总之，在回答顾客关于美甲价格的问题时，要耐心、详细地为其介绍各种服务的价格、优惠活动以及预算建议，更好地为顾客提供满意的服务和体验。

【问题2】卸除指甲收费吗？

答：卸除指甲是需要收费的。因为卸除指甲会产生相应的材料和人工的成本，所以是需要收费的。

【问题3】可以用自带的美甲设计图或美甲材料吗？

答：首先，需要了解具体的图案样式和要求，以便提供更好的服务。

其次，需要试用顾客自带的美甲材料，判断材料的性能能否掌控，材料的质量是否在有效期内，避免出现因不习惯材料而影响服务质量的问题。如果顾客需要使用特殊的美甲工具或者材料，需要提前预约，尽量准备齐全。

最后，需要根据使用的材料和人工的成本，与顾客沟通服务价格。

## 三、沟通

就顾客感兴趣的服务进行深入讲解。通过顾客对以下问题的答复，进一步了解该顾客的性格特征，从而为其制定合适的美甲设计

美·甲

方案。

请问您最喜欢什么形状的指甲前缘？

请问您日常穿什么颜色的衣服？

请问您最喜欢什么颜色的指甲油或甲油胶？

请问您有特别需要表现的设计思想吗？

请问您是要去参加有特别纪念意义的活动吗？

## 四、确认

明确提出服务方案和服务价格，通过顾客对以下问题的答复，确认顾客是否认同。

请问您对这个服务方案有什么意见吗？

这是全部费用，您准备以什么方式付款？

请确认本次您要求的服务项目和费用。

**注意事项**

※ 咨询服务开始前，要准备一支质量优良的签字笔做记录，不要临时找笔和纸，这样既耽误时间，又给顾客留下工作没有条理的坏印象。

※ 认真记录顾客的要求，使顾客感受到尊重和理解。

※ 与顾客沟通后，不仅要了解顾客的需求，还要确认顾客是否认同所提供的服务价格，避免出现顾客在付款时，由于误解而造成无能力支付的尴尬局面。

# 模块 六
# 自然指甲的修饰与护理

## 学习单元一　自然指甲修饰

## 一、甲油的涂抹

甲油的涂抹是一项看似简单却需要一定技巧的操作,甲油涂得太多会变得又厚又难干燥,涂得太少则会影响上色效果。指甲油与甲油胶因成分不同,在涂抹方法上也有一定的区别。

### 1. 底油、彩色指甲油、亮油的涂抹方法

(1)把指甲油刷的笔端全部浸入瓶子中,浸满指甲油。

(2)把指甲油刷在瓶口离自己较远的一端舔一下,让少量指甲油在笔端聚成滴状。

(3)将顾客10个手指的指甲前端边缘用指甲油包裹一下。

（4）再次将指甲油刷的笔端浸满指甲油后舔笔，让适量指甲油在笔端聚成滴状。

如果顾客的指甲较长，舔刷的时候用力要轻柔；如果顾客的指甲较短，用力则要重些，因为这时指甲油用量较少。

（5）涂抹指甲油分以下三步。

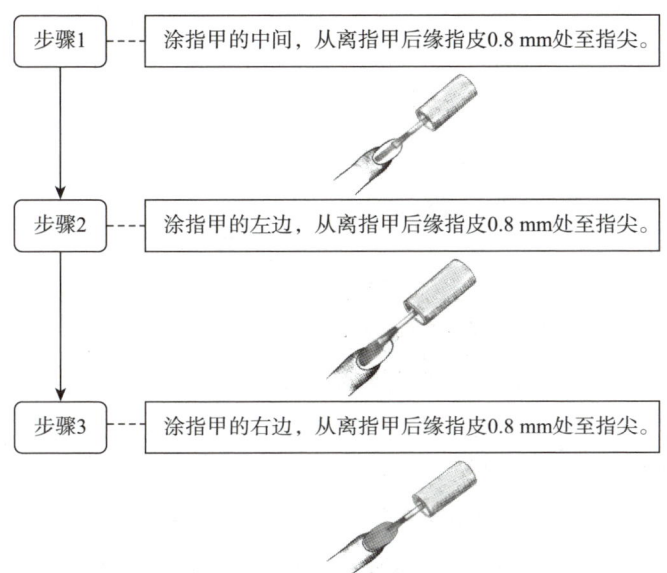

如果顾客的指甲较长，涂指甲油的时候应从指甲的中间开始分两段涂抹。如果顾客的指甲很宽，可在指甲的左右两边留出一条缝隙，不涂指甲油，这样可以产生视觉上的最佳效果，使顾客的宽指甲显得窄一些。

（6）用蘸有洗甲水的棉签清除残留在甲沟内的指甲油。

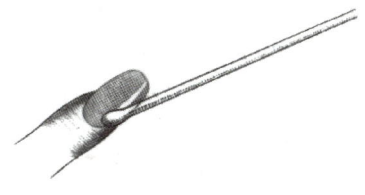

（7）把用过的棉签放入废物袋中。

**注意事项**

※ 彩色指甲油应涂两层，以使其色泽得到充分显示。
※ 涂完指甲油应检查指尖，在没有涂到的地方补上一笔。如果不小心把指甲油涂到指皮上，要用棉签蘸取洗甲水快速清除。
※ 取指甲油时，要根据顾客指甲的大小决定其蘸取量。
※ 为顾客涂抹指甲油时，动作要平稳、娴熟，手不能抖。涂完指甲油后及时清洁瓶口，拧紧瓶盖。

### 2. 甲油胶的涂抹方法

（1）顺着指甲纹理竖向刻磨指甲表面。

（2）薄涂一层底胶，手部保持稳定、姿态端正，尽量避免晃动，然后照凝胶灯使其干燥。

（3）薄涂第一遍彩色甲油胶，要求指甲后缘及两侧留 0.8 mm 的缝隙，后缘呈圆弧形，两侧直线要直，边缘清晰无毛边，指甲前缘包边后照凝胶灯。

（4）涂抹第二遍彩色甲油胶，较第一遍要稍厚一些，要求颜色均匀无色差、无气泡、边缘清晰，指甲前缘再次包边后照凝胶灯。

（5）涂封层胶后照凝胶灯。

### 3. 指皮软化剂、营养油的涂抹方法

**涂抹指皮软化剂**

※ 指皮软化剂用于软化指甲后缘和甲沟周围的硬化指皮。使用

的时候可以用棉签蘸取后涂抹在指皮上，也可以使用专用小毛刷涂抹。

**● 涂抹营养油 ●**

※ 营养油用于营养、滋润指甲周围的皮肤。使用的时候，用专用小毛刷涂抹于指甲周围，轻轻按摩十指直到吸收。

**● 小贴士 ●**

※ 指皮软化剂不要涂抹在指甲板上，以免指甲板被软化；涂抹得太多时，应用蘸有酒精的棉签擦去。

## 二、指甲油的卸除

棉签可用于涂抹洗甲水、指皮软化剂、油剂和霜剂，还可用于清洁指甲前缘的下方，以及在涂抹甲油后清理多余的甲油。棉签是美甲服务中最常用的工具。

### 1. 棉签的制作

制作棉签，时间 15 s，工作程序如下。

服务用品

| 消毒液 | 消毒液容器 | 浓度75%的酒精 | 棉花 |
| --- | --- | --- | --- |
| 棉花容器 | 橘木棒 | 小镊子 | 废物袋 |

### 工作准备

※ 从消毒液容器中取出已消毒的工具，准备好用品。
※ 清洁自己的双手。

### 操作步骤

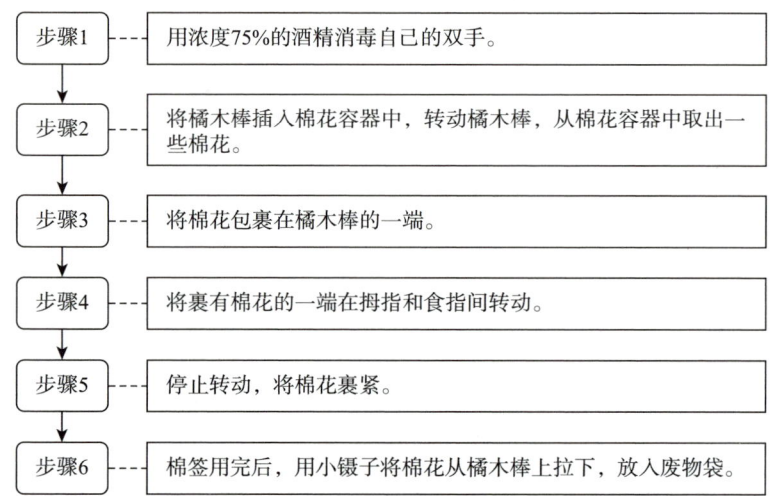

| 步骤1 | 用浓度75%的酒精消毒自己的双手。 |
| 步骤2 | 将橘木棒插入棉花容器中，转动橘木棒，从棉花容器中取出一些棉花。 |
| 步骤3 | 将棉花包裹在橘木棒的一端。 |
| 步骤4 | 将裹有棉花的一端在拇指和食指间转动。 |
| 步骤5 | 停止转动，将棉花裹紧。 |
| 步骤6 | 棉签用完后，用小镊子将棉花从橘木棒上拉下，放入废物袋。 |

## 2. 使用棉花清除指甲油

使用棉花清除指甲油，时间 5 min，工作程序如下。

### 服务用品

| 消毒液 | 消毒液容器 | 毛巾 | 一次性纸巾 |
| --- | --- | --- | --- |
| 垫枕 | 浓度 75% 的酒精 | 棉花 | 棉花容器 |
| 小镊子 | 洗甲水 | 废物袋 | |

## 工作准备

※ 消毒工作台。
※ 从消毒柜中取出干净的毛巾（或一次性纸巾）铺在工作台上，另卷起一块毛巾或用固定垫枕垫在毛巾下顾客的手腕处。
※ 从消毒液容器中取出已消毒的工具，准备好用品。
※ 清洁自己和顾客的双手，用一次性纸巾擦干。
※ 总是从左手到右手，从每只手的小指开始操作。

## 操作步骤

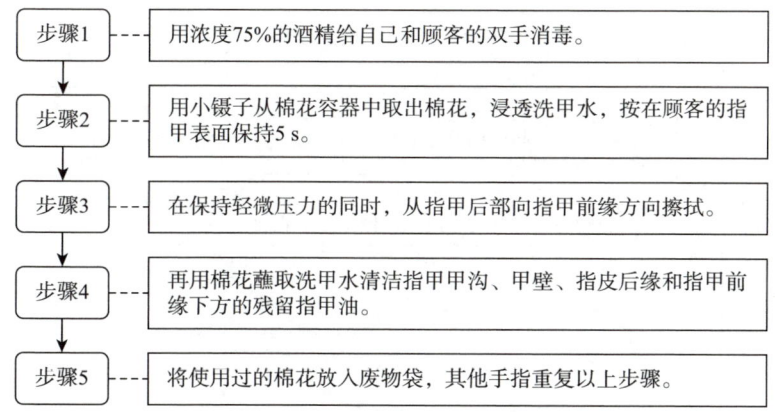

步骤1 — 用浓度75%的酒精给自己和顾客的双手消毒。

步骤2 — 用小镊子从棉花容器中取出棉花，浸透洗甲水，按在顾客的指甲表面保持5 s。

步骤3 — 在保持轻微压力的同时，从指甲后部向指甲前缘方向擦拭。

步骤4 — 再用棉花蘸取洗甲水清洁指甲沟、甲壁、指皮后缘和指甲前缘下方的残留指甲油。

步骤5 — 将使用过的棉花放入废物袋，其他手指重复以上步骤。

## 3. 使用棉签清除指甲油

使用棉签清除指甲油，时间 5 min，工作程序如下。

### 服务用品

| 消毒液 | 消毒液容器 | 毛巾 | 一次性纸巾 |
|---|---|---|---|
| 垫枕 | 浓度 75% 的酒精 | 棉花 | 棉花容器 |
| 橘木棒 | 洗甲水 | 小镊子 | 废物袋 |

# 美·甲

## 工作准备

※ 消毒工作台。

※ 从消毒柜中取出干净的毛巾（或一次性纸巾）铺在工作台上，另卷起一块毛巾或用固定垫枕垫在毛巾下顾客的手腕处。

※ 从消毒液容器中取出已消毒的工具，准备好用品。

※ 清洁自己和顾客的双手，用一次性纸巾擦干。

※ 总是从左手到右手，从每只手的小指开始操作。

## 操作步骤

| 步骤1 | 用浓度75%的酒精给自己和顾客的双手消毒。 |
| --- | --- |
| 步骤2 | 将橘木棒插入棉花容器中，转动橘木棒，从棉花容器中取出一些棉花，制作棉签，把裹有棉花的一端浸透洗甲水。 |
| 步骤3 | 用握铅笔的方式握住棉签，使之与指甲表面成45°角，从指甲后缘到指甲前缘的方向来回擦拭指甲表面。 |
| 步骤4 | 用棉签蘸取洗甲水清洁指甲甲沟、甲壁、指皮后缘和指甲前缘下方的残留指甲油。每个指甲使用一个新棉签。 |
| 步骤5 | 棉签用完后，用小镊子将棉花从橘木棒上拉下，放入废物袋，其他手指重复以上步骤。 |

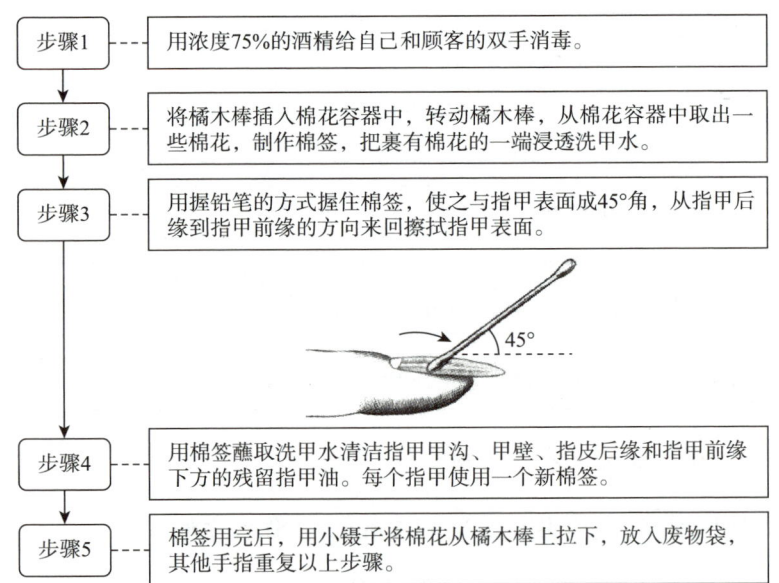

**注意事项**

※ 使用过的棉花或棉签都要扔掉,切勿再次将其浸入药液或化学品中。

※ 使用棉签清除指甲油可以减少美甲从业人员双手接触化学品的次数,保护双手皮肤少受伤害。

## 学习单元二　自然指甲护理

### 一、自然指甲基本护理

自然指甲基本护理,服务时间 30 min,工作程序如下。

**服务用品**

| | | | |
|---|---|---|---|
| 消毒液 | 消毒液容器 | 毛巾 | 一次性纸巾 |
| 垫枕 | 浓度 75% 的酒精 | 棉花(片) | 棉花容器 |
| 橘木棒 | 洗甲水 | 小镊子 | 指甲刀 |
| 180 号打磨砂条 | 粉尘刷 | 浸手碗 | 护理浸液 |
| 指皮软化剂 | 指皮推 | 指皮剪 | 打磨机 |
| 去角质磨头 | 营养油 | 自然甲抛光块(条) | 底油 |
| 彩色指甲油 | 亮油 | 废物袋 | |

**工作准备**

※ 消毒工作台。
※ 从消毒柜中取出干净的毛巾(或一次性纸巾)铺在工作台上,另卷起一块毛巾或用固定垫枕垫在毛巾下顾客的手腕处。
※ 从消毒液容器中取出已消毒的工具,准备好用品。

## 模块六 | 自然指甲的修饰与护理

※ 清洁自己和顾客的双手，用一次性纸巾擦干。
※ 总是从左手到右手，从每只手的小指开始操作。

### 操作步骤

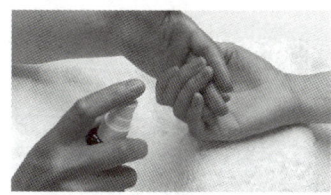

**步骤 1**
用浓度 75% 的酒精给自己和顾客的双手消毒。

**步骤 2**
用小镊子从棉花容器中取出棉花，蘸取洗甲水，清除顾客双手自然指甲上陈旧的指甲油。

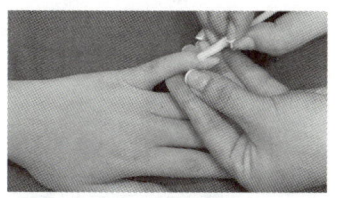

**步骤 3**
用橘木棒制作棉签，蘸取洗甲水，清洁指甲周围残留的指甲油。

**步骤 4**
使用指甲刀修剪指甲的长度。

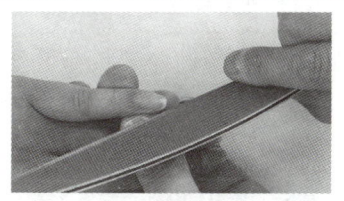

**步骤 5**
用 180 号打磨砂条单方向修整指甲前缘形状。

**步骤 6**
用粉尘刷清除干净指甲表面和甲沟内的粉尘。

## 操作步骤

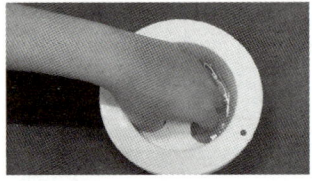

**步骤 7**
在浸手碗中注入温水,加入适量的护理浸液,浸泡左手。

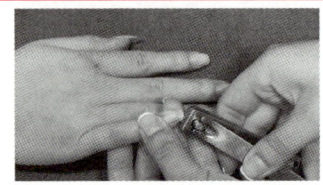

**步骤 8**
左手操作完成后,右手重复步骤 4～7 的操作。

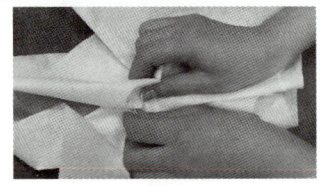

**步骤 9**
将左手移出浸手碗,用一次性纸巾擦干。

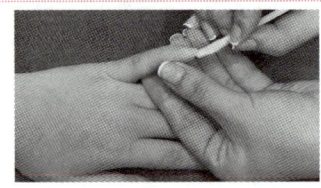

**步骤 10**
用橘木棒制作棉签,蘸取酒精,清洁指甲周围的污渍。

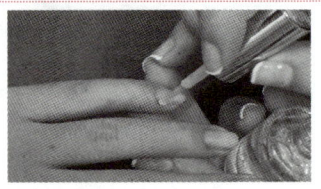

**步骤 11**
在指甲后缘处涂抹指皮软化剂,加速后缘指皮的疏松软化,切忌将软化剂涂抹到指甲表面。

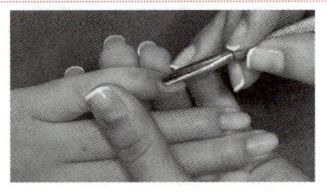

**步骤 12**
用指皮推将指甲后缘指皮轻轻地向指甲后缘处推至起翘。

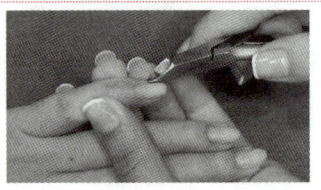

**步骤 13**
用指皮剪剪去疏松起翘的后缘指皮和甲沟两侧的硬茧。

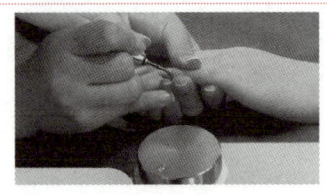

**步骤 14**
将去角质磨头安装到打磨机上,打磨修剪后的指甲周围的指皮。

模块六 | 自然指甲的修饰与护理

## 操作步骤

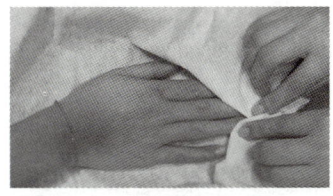
**步骤15**
左手操作完成后，将右手移出浸手碗，用一次性纸巾擦干，重复步骤10～14的操作。

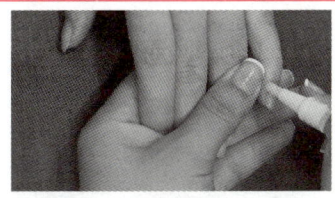
**步骤16**
在指甲后缘处涂抹营养油，并轻轻按摩后缘指皮。

**步骤17**
用自然甲抛光块（条）由粗到细对指甲表面进行单向抛光。

**步骤18**
用蘸有酒精的棉片清除指甲表面上的浮油。

**步骤19**
用橘木棒制作棉签，蘸取酒精，清洁指甲周围残留的油渍。

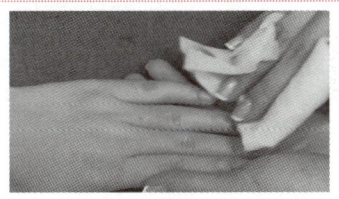
**步骤20**
再次给自己和顾客的双手消毒。

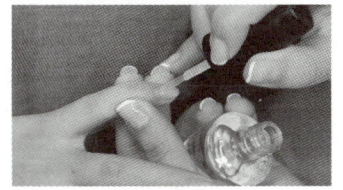
**步骤21**
涂抹一层底油。

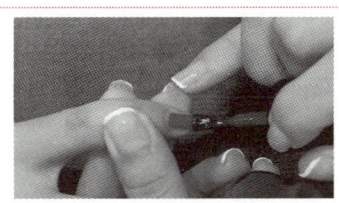
**步骤22**
涂抹两层彩色指甲油。

## 操作步骤

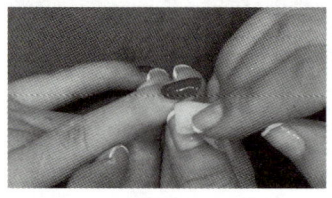

**步骤 23**
用橘木棒制作棉签,蘸取洗甲水,清理涂到指甲表面以外的指甲油。

**步骤 24**
涂抹一层亮油。

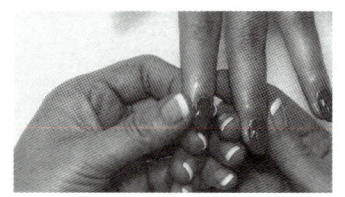

**步骤 25**
在指甲周围涂抹一层营养油并轻轻按摩。

## 整理工作

※ 将所有使用过的工具清洁后按不同材质的消毒要求分别进行消毒。

※ 清理工作台,将使用过的废弃物投入废物袋,用消毒液清洁和消毒工作台。

※ 服务结算,确认结账。

※ 建立顾客档案,预约下一次服务时间。

模块六 | 自然指甲的修饰与护理

扫码看视频　　自然指甲护理

## 二、自然趾甲基本护理

自然趾甲基本护理，服务时间 40 min，工作程序如下。

### 服务用品

| | | | |
|---|---|---|---|
| 消毒液 | 消毒液容器 | 毛巾 | 一次性纸巾 |
| 足浴盆 | 一次性足浴袋 | 护理浸液 | 浓度 75% 的酒精 |
| 棉花（片） | 棉花容器 | 橘木棒 | 洗甲水 |
| 小镊子 | 指甲刀 | 180 号打磨砂条 | 粉尘刷 |
| 指皮软化剂 | 指皮推 | 指皮剪 | 营养油 |
| 自然甲抛光块（条） | 隔趾海绵 | 底油 | 彩色指甲油 |
| 亮油 | 废物袋 | | |

### 工作准备

※ 请顾客坐在足护理专用沙发上。
※ 从消毒柜中取出干净的毛巾（或一次性纸巾），折叠好，放在足护理专用凳上。
※ 从消毒液容器中取出已消毒的工具，准备好用品。
※ 将一次性足浴袋套在足浴盆中，将水加热到适宜温度后保持恒温，并加入适量的护理浸液。

## 美·甲

> ※ 请顾客浸泡双脚。
> ※ 清洁自己的双手，用一次性纸巾擦干。
> ※ 总是从左脚到右脚，从每只脚的小趾开始操作。

### 操作步骤

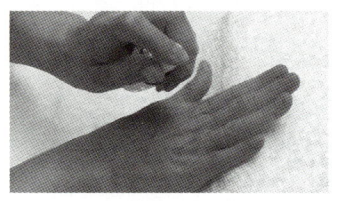

**步骤 1**
用浓度 75% 的酒精给自己的双手消毒。

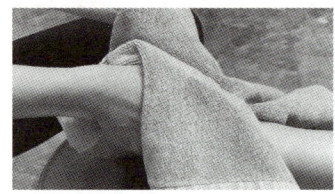

**步骤 2**
将顾客的左脚移出足浴盆，用毛巾擦干。

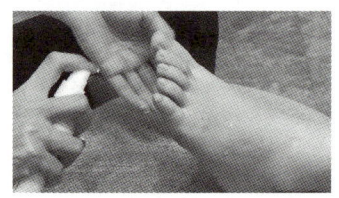

**步骤 3**
用浓度 75% 的酒精给顾客的左脚消毒。

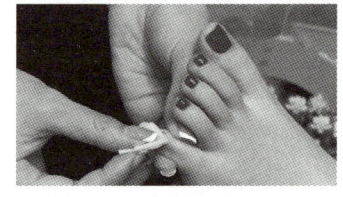

**步骤 4**
用小镊子从棉花容器中取出棉片，蘸取洗甲水，清除趾甲上的陈旧指甲油。

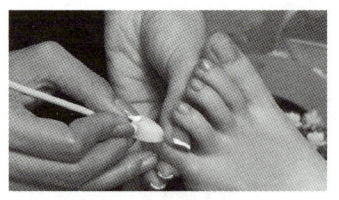

**步骤 5**
用橘木棒制作棉签，蘸取洗甲水，清洁趾甲周围残留的指甲油。

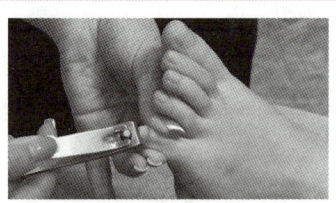

**步骤 6**
使用指甲刀修剪趾甲的长度。

## 操作步骤

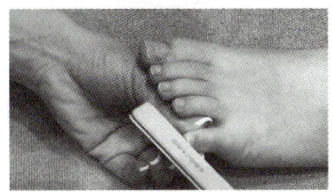

**步骤 7**
用 180 号打磨砂条单方向修整趾甲前缘形状。

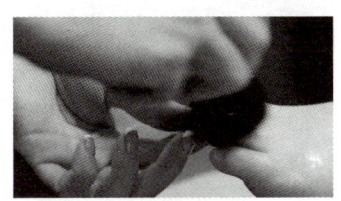

**步骤 8**
用粉尘刷清除干净趾甲表面和甲沟内的粉尘。

**步骤 9**
用橘木棒制作棉签,蘸取酒精,清洁趾甲周围的污渍。

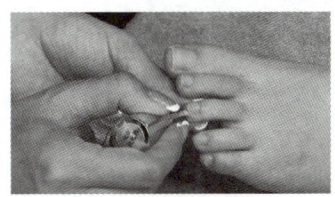

**步骤 10**
在趾甲后缘处涂抹指皮软化剂,加速后缘趾皮的疏松软化,切忌将软化剂涂抹到趾甲表面。

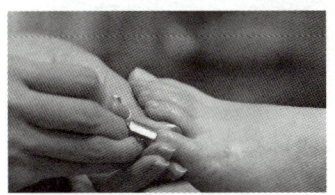

**步骤 11**
用指皮推将趾甲后缘趾皮轻轻地向趾甲后缘处推至起翘。

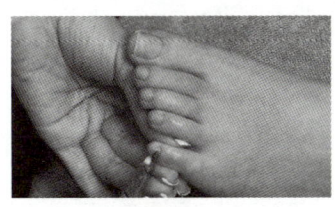

**步骤 12**
用指皮剪剪去疏松起翘的后缘趾皮和甲沟两侧的硬茧。

| 操作步骤 | |
|---|---|
| 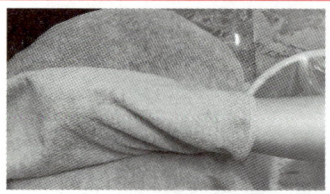<br>**步骤 13**<br>将顾客的左脚用毛巾包好，放在一侧。 | 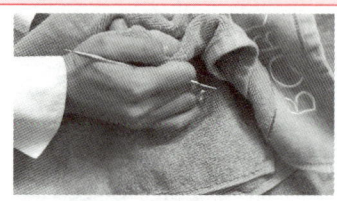<br>**步骤 14**<br>左脚操作完成后，将顾客的右脚移出足浴盆，用毛巾擦干，重复步骤3～13的操作。 |
| 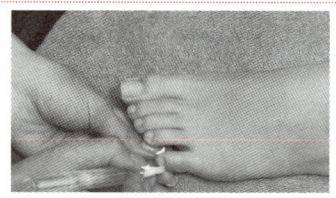<br>**步骤 15**<br>在左脚趾甲后缘处涂抹营养油，并轻轻按摩趾皮周围。 | 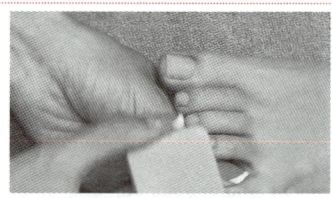<br>**步骤 16**<br>用自然甲抛光块（条）由粗到细对趾甲表面进行单向抛光。 |
| 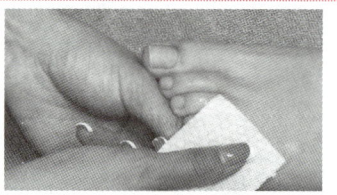<br>**步骤 17**<br>用蘸有酒精的棉片清除趾甲表面上的浮油。 | <br>**步骤 18**<br>用橘木棒制作棉签，蘸取酒精，清洁趾甲周围残留的油渍。 |
| <br>**步骤 19**<br>再次给自己的双手和顾客的双脚消毒。 | 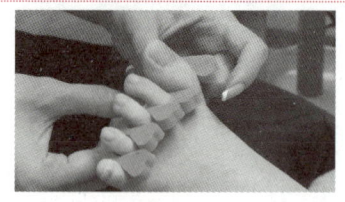<br>**步骤 20**<br>戴上隔趾海绵。 |

## 操作步骤

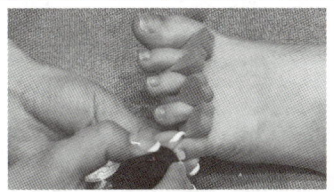

**步骤 21**
涂抹一层底油。

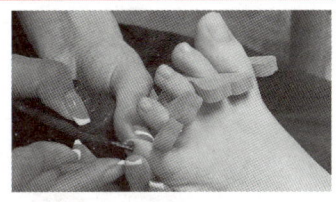

**步骤 22**
涂抹两层彩色指甲油。

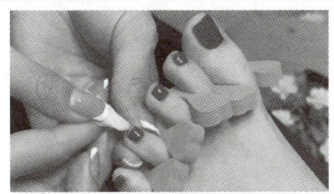

**步骤 23**
用橘木棒制作棉签,蘸取洗甲水,清理涂到趾甲表面以外的指甲油。

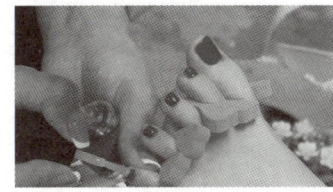

**步骤 24**
涂抹一层亮油。

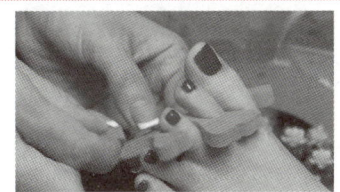

**步骤 25**
晾干指甲油,取下隔趾海绵。

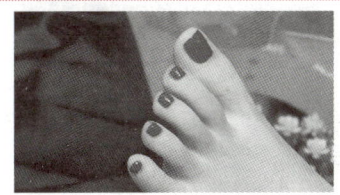

**步骤 26**
在趾甲周围涂抹一层营养油并轻轻按摩。

## 整理工作

※ 将所有使用过的工具清洁后按不同材质的消毒要求分别进行消毒。

※ 清理工作台,将使用过的废弃物投入废物袋,用消毒液清洁和消毒工作台。

※ 服务结算，确认结账。

※ 建立顾客档案，预约下一次服务时间。

### 注意事项

※ 打磨指甲的动作是从两边向中间各三下，勿使用型号小于180号的砂条打磨自然指甲，切忌来回打磨，以免损伤指甲。

※ 勿在干燥的指甲上用指皮推进行推指皮操作，以免造成指甲表面角质层剥落，使指甲表面变得凹凸不平，推指皮时勿用力过猛。

※ 剪指皮时，必须剪断指皮后再提起指皮剪，以免拉伤皮肤。手边应备有云南白药或伤口杀菌剂，若出现工作失误，造成顾客受伤，必须及时处理顾客的伤口，以免感染细菌。

※ 不要对自然指甲过分抛光，因为由此产生的摩擦和热度有可能导致指甲脱落。

※ 抛光时，避免长时间在同一位置上操作，以免产生高温，烫伤甲床。

※ 使用棉签时勿用力触碰指芯部分，以免造成指甲萎缩；对于指芯敏感的顾客，可以在超声波卸甲机中加入清水为其清洗指甲前缘，避免因疼痛造成美甲紧张症状。

## 学习单元三　甲油胶的使用方法

给顾客的双手提前做好甲面除色、指甲修形、指皮修剪等基础护理操作，再为自然指甲涂抹甲油胶，时间 45 min，工作程序如下。

**服务用品**

| 消毒液 | 消毒液容器 | 毛巾 | 一次性纸巾 |
| --- | --- | --- | --- |
| 垫枕 | 浓度 75% 的酒精 | 棉花（片） | 棉花容器 |
| 180 号打磨砂条 | 240 号打磨砂条 | 粉尘刷 | 打磨机 |
| 去角质磨头 | 橘木棒 | 凝胶灯 | 底胶 |
| 彩色甲油胶 | 封层胶 | 清洁剂 | 营养油 |
| 废物袋 | | | |

**工作准备**

※ 消毒工作台。
※ 从消毒柜中取出干净的毛巾（或一次性纸巾）铺在工作台上，另卷起一块毛巾或用固定垫枕垫在毛巾下顾客的手腕处。
※ 从消毒液容器中取出已消毒的工具，准备好用品。
※ 清洁自己和顾客的双手，用一次性纸巾擦干。
※ 总是从左手到右手，从每只手的小指开始操作。

| 操作步骤 | |
|---|---|
| <br>**步骤 1**<br>用浓度 75% 的酒精给自己和顾客的双手消毒。 | 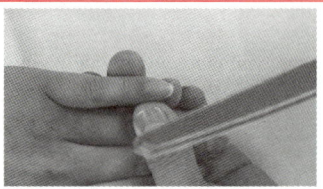<br>**步骤 2**<br>使用 180 号打磨砂条修整指甲前缘形状。 |
| 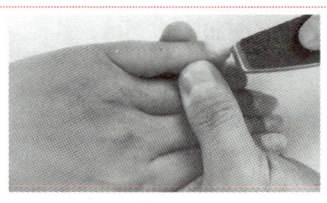<br>**步骤 3**<br>使用 240 号打磨砂条轻轻地在指甲表面刻磨出细小划痕,以增大黏合接触面积。 | 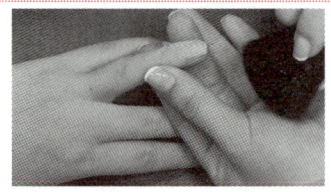<br>**步骤 4**<br>用粉尘刷清除干净指甲表面和甲沟内的粉尘。 |
| <br>**步骤 5**<br>将去角质磨头安装到打磨机上,打磨修剪后指甲周围的指皮。 | 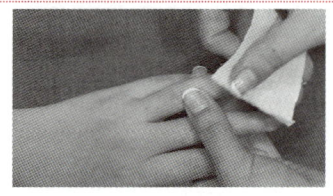<br>**步骤 6**<br>用棉片蘸取酒精,清洁顾客指甲表面的粉尘。 |
| 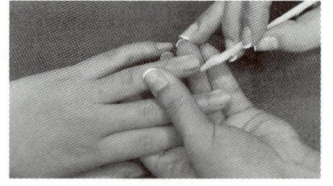<br>**步骤 7**<br>用橘木棒制作棉签,蘸取酒精,清洁指甲周围残留的污渍。 | 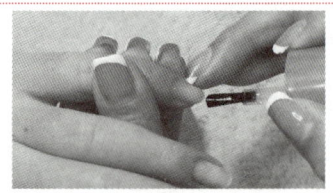<br>**步骤 8**<br>薄涂一层底胶,注意边缘留 0.8 mm,力度适中,涂抹均匀,照凝胶灯 60 s。 |

## 操作步骤

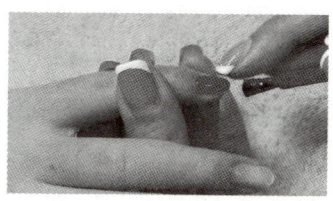

**步骤 9**
涂两遍彩色甲油胶,增加颜色的饱和度,使甲油胶均匀平整,每涂一遍都需要照凝胶灯 60 s。

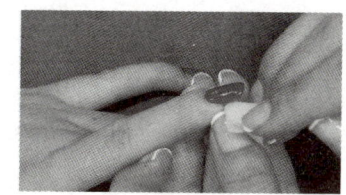

**步骤 10**
用橘木棒制作棉签,蘸取清洁剂,清理涂到指甲表面以外的甲油胶。

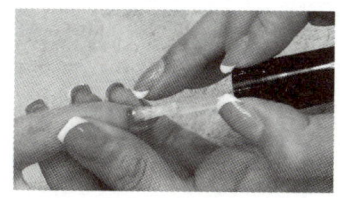

**步骤 11**
涂一层封层胶,注意前缘包边,照凝胶灯 60 s。

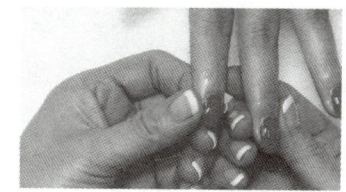

**步骤 12**
在指甲后缘涂抹营养油并轻轻按摩。

## 整理工作

※ 将所有使用过的工具清洁后按不同材质的消毒要求分别进行消毒。

※ 清理工作台,将使用过的废弃物投入废物袋,用消毒液清洁和消毒工作台。

※ 服务结算,确认结账。

※ 建立顾客档案,预约下一次服务时间。

**注意事项**

※ 照凝胶灯的时间根据不同产品使用说明设定。
※ 使用统一品牌的底胶、甲油胶、封层胶，涂抹均匀，避免涂抹过厚或缩胶。
※ 操作过程中，甲油胶应远离凝胶灯，避光保存。
※ 如果选用非免洗封层，操作完成后，则需要每次用清洁剂清洁甲面上的浮胶。
※ 涂完甲油胶后，及时清理瓶口，拧紧瓶盖。

# 模块 七
# 手、足部养护

# 学习单元一  手、足部按摩

## 一、手部按摩

手部按摩主要是利用人体的穴位和按摩手法，促进手指和指甲周围的血液循环，从而舒缓肌肉、放松心情、增强指甲健康。

### 1. 手部穴位图

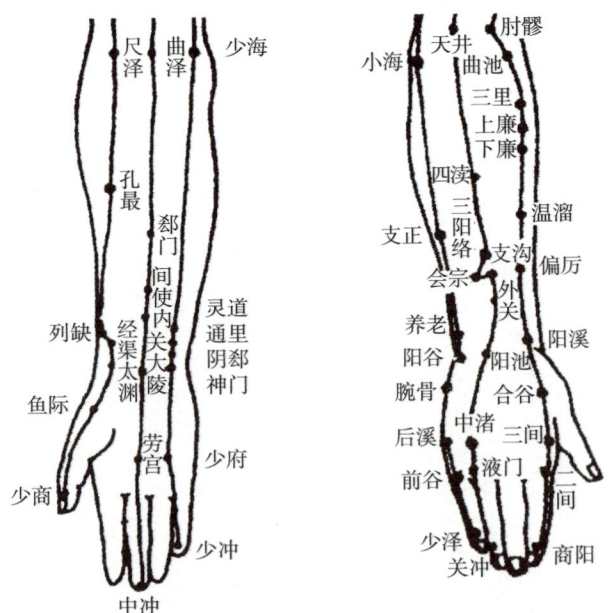

## 2. 按摩手法

手部按摩主要是通过对肘关节以下的部位进行按摩，按摩的动作可以分为以下四种。

（1）旋转。旋转手指和手腕。
（2）推拿。推拿手指和手臂。
（3）屈伸。屈伸手腕。
（4）摩擦。轻柔摩擦手指、手、前臂和肘关节。

# 二、足部按摩

足部按摩是通过对足部的各个反射区进行按摩，从而达到消除疲劳、促进血液循环、增强免疫力的保健效果。

## 1. 足部穴位图

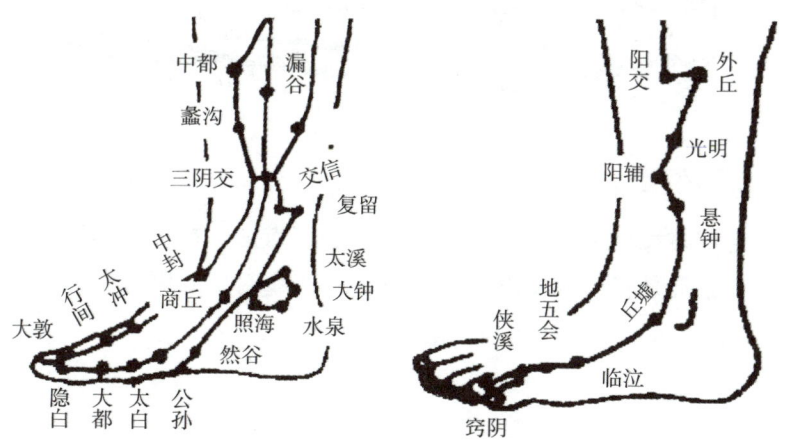

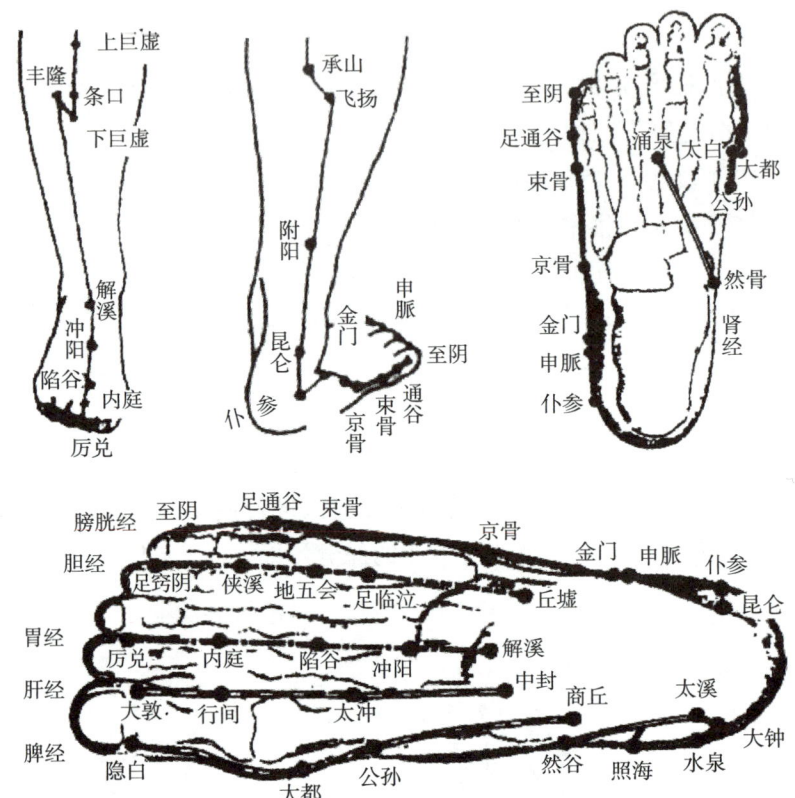

## 2. 按摩手法

　　足部按摩常用的手法有推法、拿法、点法、揉法、捏法。按摩的力度通常是轻度和中度。在进行足部按摩时，要因人而异，手法灵活运用。

## 学习单元二　护理设备的使用及维护

### 一、蜡膜机

蜡膜机用于加热融化蜜蜡，为顾客做手、足部护理时制作蜡膜，进行深层皮肤护理。

手部护理时，可将顾客的双手直接浸入已融好的蜜蜡中。足部护理时，需要用勺子将蜜蜡舀出后浇在足部皮肤表面。

#### 1. 使用方法

蜡膜机有两挡控制开关：第一挡是化蜡挡，首次使用时，蜜蜡呈固体状，需 3～4 h 才可以完全融化，要预先准备好；第二挡是保温挡，其功能是使蜜蜡保持在使用的温度。

通常情况下，蜡膜机应提前 2～3 h 打开并使用保温挡。

### 2. 维护保养

（1）认真阅读使用说明书，严格按照使用说明书的步骤进行操作，避免通电时间过长。

（2）蜡膜机的外壳通常是塑料制品，要避免与美甲经常使用的溶剂接触，否则易造成外壳腐蚀、损伤。

（3）严禁用湿手、湿布触摸与擦拭通电状态下的蜡膜机；要用洁净、干燥的布擦拭，以保持清洁、干燥。

（4）使用完毕后，应立即关机，切断电源。

## 二、电热手套、电热足套

电热手套、电热足套具有恒温保暖的作用，可以使蜡膜更有效地渗透皮肤。

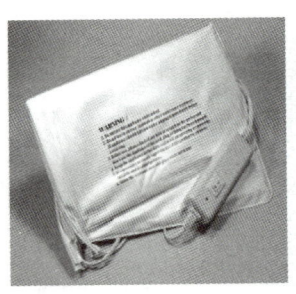 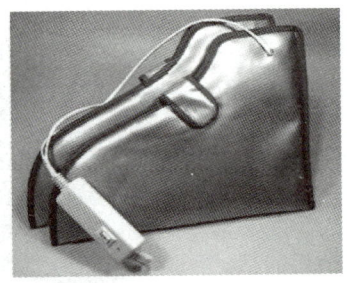

### 1. 使用方法

（1）先进行手、足部皮肤护理以及指甲保养和指甲前缘的修磨，避免电热手套、电热足套内层受损。

（2）用保鲜膜将手、足部包好，以达到最好的效果及保护电热手套、电热足套内侧避免被蜜蜡污染。

（3）接通电源后，针对不同的顾客需求，按从低温到高温的程序进行温度的调控切换。

（4）使用完毕后，为保持电热手套、电热足套的清洁及延长使用寿命，要用干净的布将电热手套、电热足套表面擦拭干净，切勿用水直接冲洗。

（5）离开时，必须将电源插头拔掉以使电热手套、电热足套完全断电。

（6）使用前，必须先检查电热手套、电热足套是否破损。如有破损，应立即进行更换。

（7）必须严格按照正常的温度调控程序，使用电热手套、电热足套时，严禁反程序操作。

（8）注意保持电热手套、电热足套的平整，切勿重压导致变形，损害电热手套、电热足套的内部装置。

（9）开始使用时，必须小心调控温度，严禁使温度瞬时升高；使用完毕后，必须待温度冷却后方可收藏，以延长电热手套、电热足套的使用寿命。

### 2. 维护保养

（1）认真阅读使用说明书，严格按照使用说明书的步骤进行操作，避免通电时间过长。

（2）严禁用湿手、湿布触摸与擦拭通电状态下的电热手套、电热足套，要用干净的布，使用清水或酒精在断电后擦拭，以保持清洁、干燥。

（3）不用时应将电热手套、电热足套平铺保存，不可折叠。

## 三、美手太空舱

美手太空舱采用红蓝双色光波的技术，相较于传统的基础手护理，护理效果更明显。

## 1. 使用方法

（1）先为美手太空舱消毒，再为自己和顾客的双手消毒，保证全程都在无菌无毒的环境下操作。

（2）红光热蒸理疗。请顾客将双手放入太空舱，开启"红光热蒸理疗"功能，时间 5 min。该模式可以帮助顾客疏通手部皮肤毛囊、打开毛孔，促进血液循环，改善手部皮肤松弛状况，淡化皮肤细纹。

（3）精华液＋蓝光超声营养导入。在顾客的双手上均匀涂抹精华液，请顾客将双手放入太空舱，开启"蓝光超声营养导入"功能，时间 10 min。该模式针对手部表皮层，具有镇静、修复、减少色素沉着的作用，配合精华液超声雾化导入，手部护理效果更好。

（4）美肤乳＋红光热蒸理疗。在顾客的双手上均匀涂抹美肤乳，请顾客将双手放入太空舱，开启"红光热蒸理疗"功能，时间 10 min。该模式热蒸功能可以打开皮肤毛孔，促使美肤乳中所含胶原蛋白被皮肤快速吸收。

（5）请顾客将双手移出太空舱，将嫩肤霜均匀涂抹于顾客的手部，轻轻按摩至完全吸收。

## 2. 维护保养

（1）认真阅读使用说明书，严格按照使用说明书的步骤进行操作，避免通电时间过长。

（2）美手太空舱需在桌面上平放使用，使用中不可移动。

（3）使用后如需搬运，杜绝倾斜搬动，否则可能会导致水源内灌，引起烧机。

（4）顾客使用前，先给水箱注水，需要轻轻上提或下压水箱，听到有进水气泡的声音，水箱才能开始工作。

（5）使用仪器前后，均需用浓度75%的酒精喷于太空舱内壁，擦干设备。

（6）使用"红光热蒸理疗"时，要提前提醒顾客注意舱内温度是否适合，然后调整至顾客舒适的温度。

（7）美手太空舱护理安排在美甲服务前后均可。

## 学习单元三　手部护理工作程序

给顾客的双手提前做好甲面除色、指甲修形、指皮修剪、甲面抛光等基本护理操作，再进行手部护理，服务时间 60 min，工作程序如下。

**服务用品**

| 消毒液 | 消毒液容器 | 毛巾 | 一次性纸巾 |
| --- | --- | --- | --- |
| 垫枕 | 蜡膜机 | 蜜蜡 | 浓度 75% 的酒精 |
| 按摩膏 | 保鲜膜 | 电热手套 | 棉花 |
| 棉花容器 | 小镊子 | 橘木棒 | 废物袋 |

**工作准备**

※ 消毒工作台。
※ 从消毒柜中取出干净的毛巾（或一次性纸巾）铺在工作台上，另卷起一块毛巾或用固定垫枕垫在毛巾下顾客的手腕处。
※ 从消毒液容器中取出已消毒的工具，准备好用品。
※ 打开蜡膜机的电源开关，融好蜜蜡恒温待用。
※ 清洁自己和顾客的双手，用一次性纸巾擦干。
※ 总是从左手到右手，从每只手的小指开始操作。

## 操作步骤

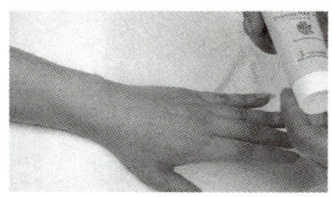

**步骤 1**
涂按摩膏。按摩肘关节以下前臂、手掌、手指部位。

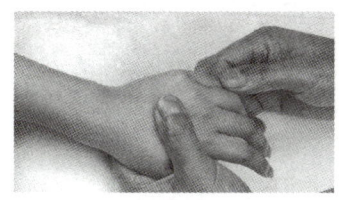

**步骤 2**
旋转手指。捏着指尖沿尽可能大的弧度轻柔转动 3 次。

**步骤 3**
摩擦手背。将双手拇指按在顾客的手背上，从手腕开始，渐次轻柔摩擦至指关节，然后双手同时回到手腕处。该动作重复 3 次。

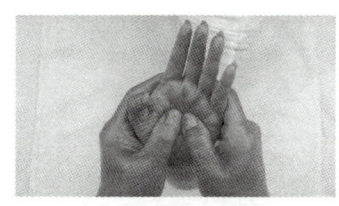

**步骤 4**
推拿手掌。双手拇指的第一指节按在顾客的手掌上，从手腕开始，渐次摩擦至手指根部。该动作重复 5 次。

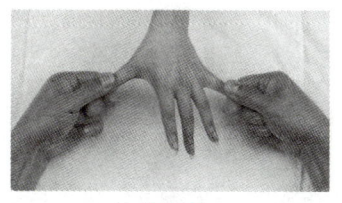

**步骤 5**
分拉手指。双手的拇指和食指捏住顾客手指，从指节开始，渐次揉搓至指尖，然后双手同时回到指节处。该动作在每个手指上重复 3 次。

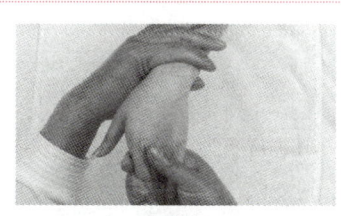

**步骤 6**
旋转手腕。一只手握住顾客的手腕，另一只手握住顾客的手指，旋转手腕 3 次。

## 操作步骤

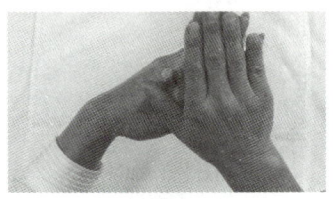

**步骤 7**
屈伸手掌。一只手托住顾客的手腕,另一只手掌抵住顾客的手掌,屈伸手掌 3 次。

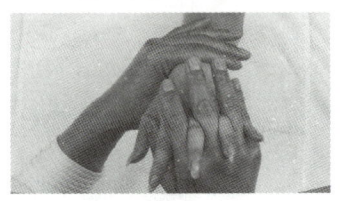

**步骤 8**
屈伸旋转手腕。一只手托住顾客的手腕,另一只手的手指与顾客的手指交叉相握,屈伸旋转手腕 3 次。

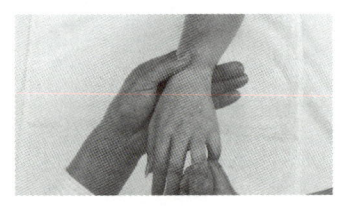

**步骤 9**
轻拉手指。一只手托住顾客的手腕,另一只手的拇指和食指捏住顾客的指尖轻轻拉动。该动作重复 3 次。

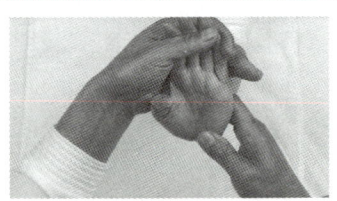

**步骤 10**
摩擦手掌和手背。让顾客的肘部放在毛巾垫上,并使其手臂竖立,用双手上下揉搓顾客的手部。该动作重复 3 次。

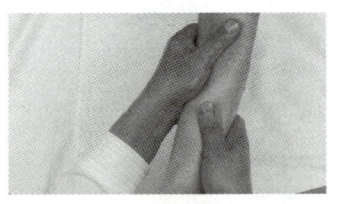

**步骤 11**
推拿前臂。紧紧握住顾客的手腕,使其掌心向下,双手紧贴顾客的前臂上下推拿,渐次至肘部。该动作重复 3 次。

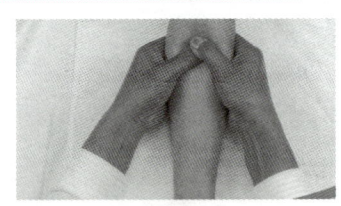

**步骤 12**
按摩前臂。双手握住顾客的前臂,拇指放在顾客的手腕处,然后用拇指施力,揉擦渐至肘部,再返回至手腕。该动作重复 3 次。

## 操作步骤

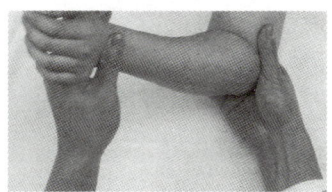

**步骤 13**
旋转肘部。一只手握住顾客的手腕，另一只手的拇指和食指捏住肘关节，旋转3次。

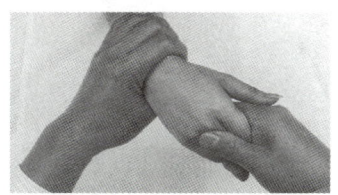

**步骤 14**
左手按摩完成后，重复以上步骤按摩右手。

**步骤 15**
用一次性纸巾蘸取浓度75%的酒精清洁顾客手部。

**步骤 16**
请顾客将手指张开，放入蜡膜机内已融好的蜜蜡中，使蜡液包裹整只手掌形成均匀的蜡膜手套。

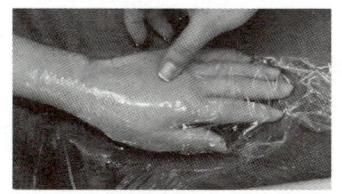

**步骤 17**
用保鲜膜将手包裹好。

**步骤 18**
戴上电热手套，接通电源，保温10 min。

## 操作步骤

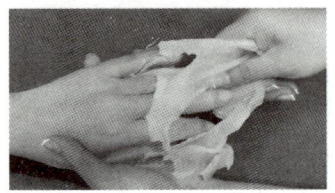

**步骤19**

关闭电源,打开电热手套,除去手上的蜡膜。

**步骤20**

用小镊子从棉花容器中取出棉花,蘸取酒精,清除指甲表面上的浮油,用橘木棒制作棉签,蘸取酒精,清洁指甲周围残留的油渍。

完成手部护理的操作后,可以进行其他美甲项目的服务。

## 整理工作

※ 将所有使用过的工具清洁后按不同材质的消毒要求分别进行消毒。

※ 清理工作台,将使用过的废弃物投入废物袋,用消毒液清洁和消毒工作台。

※ 服务结算,确认结账。

※ 建立顾客档案,预约下一次服务时间。

扫码看视频

手部按摩

**注意事项**

※ 按摩动作按从手指尖到肘部再到手臂的顺序操作。手指按摩结束后,捏住指间轻轻捏压。旋转手腕后,应握住手腕拉一下。按摩手法要灵活,力度因人而施。

## 学习单元四　足部护理工作程序

给顾客的双脚提前做好甲面除色、趾甲修形、趾皮修剪、甲面抛光等基本护理操作，再进行足部护理，服务时间 90 min，工作程序如下。

**服务用品**

| | | | |
|---|---|---|---|
| 消毒液 | 消毒液容器 | 毛巾 | 一次性纸巾 |
| 蜡膜机 | 蜜蜡 | 浓度75%的酒精 | 一次性塑料袋 |
| 足浴盆 | 护理浸液 | 刮脚刀 | 搓脚板 |
| 按摩膏 | 小勺子 | 保鲜膜 | 电热足套 |
| 棉花（片） | 棉花容器 | 橘木棒 | 废物袋 |

**工作准备**

※ 请顾客坐在足护理专用沙发上。
※ 从消毒柜中取出干净的毛巾（或一次性纸巾）并折叠好，放在足护理专用凳上。
※ 从消毒液容器中取出已消毒的工具，准备好用品。
※ 打开蜡膜机的电源开关，融好蜜蜡恒温待用。
※ 将一次性塑料袋套置在足浴盆中，将水加热到适宜温度后保持恒温，加入适量的护理浸液。
※ 请顾客浸泡双脚 10～15 min。

※ 清洁自己的双手,用一次性纸巾擦干。
※ 总是从左脚到右脚,从每只脚的小趾开始操作。

## 操作步骤

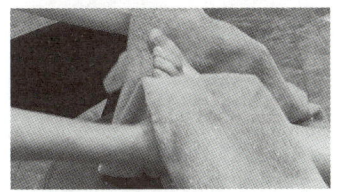

**步骤1**
将左脚从足浴盆中移出,用毛巾擦干。

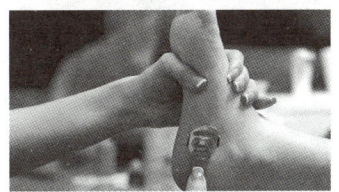

**步骤2**
用刮脚刀刮除脚底泡软后的硬茧。

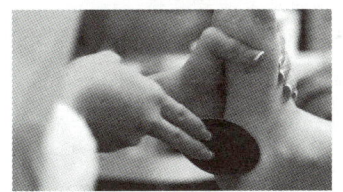

**步骤3**
用搓脚板打磨脚部的硬皮和老茧,特别注意脚掌和脚跟部位。

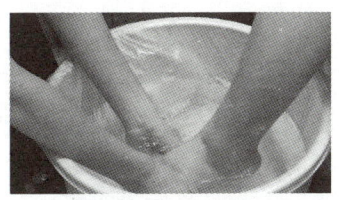

**步骤4**
将左脚清洗干净,移出足浴盆,用毛巾擦干。

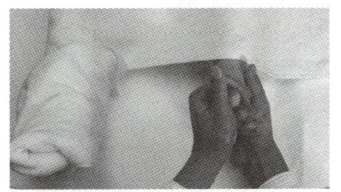

**步骤5**
涂按摩膏,按摩膝关节以下小腿、脚掌、脚趾部位。

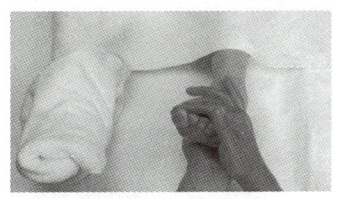

**步骤6**
双手按摩脚部。

## 操作步骤

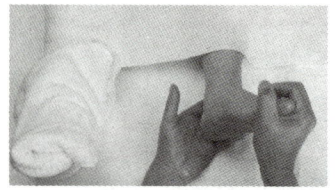

**步骤 7**
旋转脚踝部,左、右各 30 ~ 50 次。

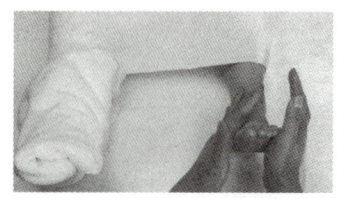

**步骤 8**
双手对搓脚部。

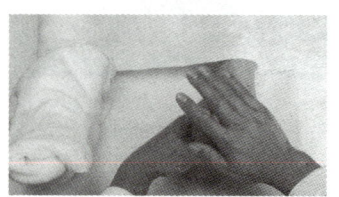

**步骤 9**
单手上、下拨动脚趾。

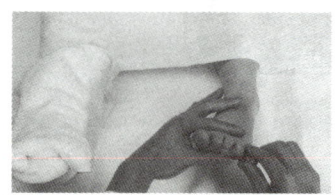

**步骤 10**
单手外拨脚趾。

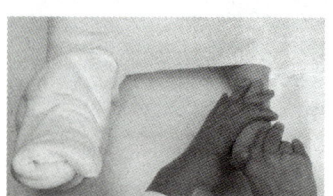

**步骤 11**
拇指和食指夹提八风穴。

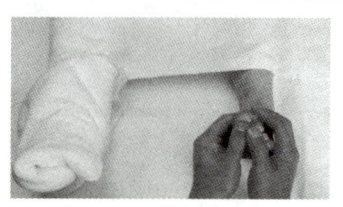

**步骤 12**
点压每个脚趾趾腹。

**步骤 13**
点压脚底涌泉穴。

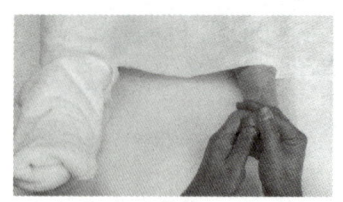

**步骤 14**
纵推每个脚趾。

模块七 | 手、足部养护

## 操作步骤

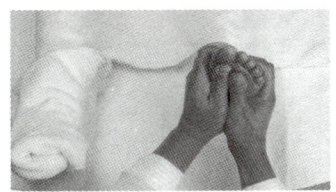
**步骤 15**
两手拇指分推脚掌。

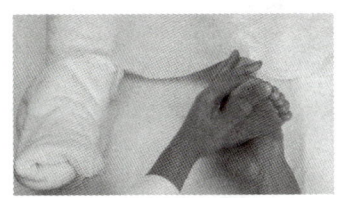
**步骤 16**
纵刮脚底 3 条线。

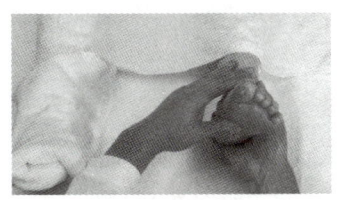
**步骤 17**
拇指顺时针旋摩脚心。

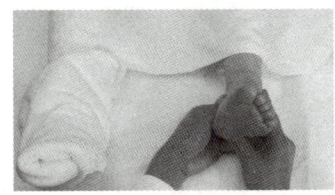
**步骤 18**
横推脚跟部。

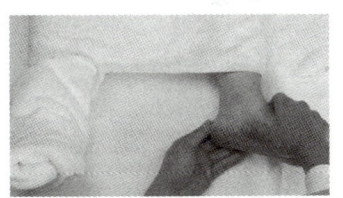
**步骤 19**
纵推脚内侧。

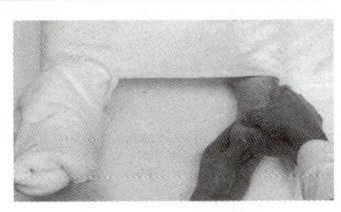
**步骤 20**
两手拇指分推脚内踝骨下缘凹陷处。

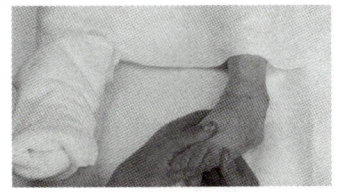
**步骤 21**
纵推脚外侧。

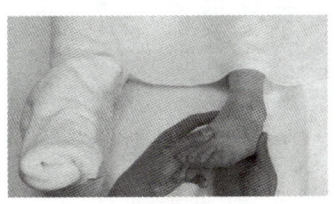
**步骤 22**
两手拇指分推脚外踝骨下缘凹陷处。

## 操作步骤

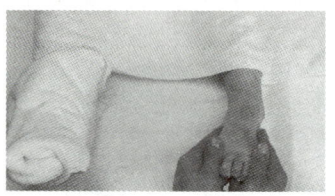

**步骤 23**
两手拇指推脚面至内踝。

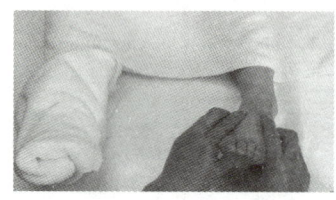

**步骤 24**
两手拇指推脚面至外踝前缘。

**步骤 25**
单手拇指下推外踝前缘。

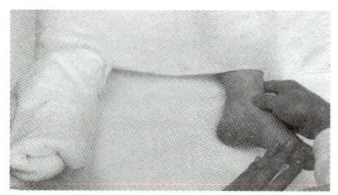

**步骤 26**
单手拇指下推内踝前缘。

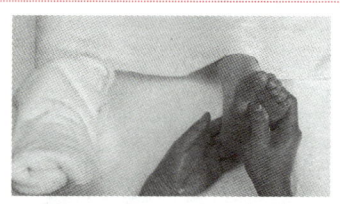

**步骤 27**
点揉脚底涌泉穴。

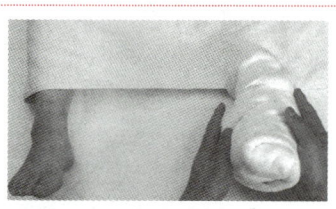

**步骤 28**
将左脚按摩完成后，用毛巾包好放在一侧，重复以上步骤按摩右脚。

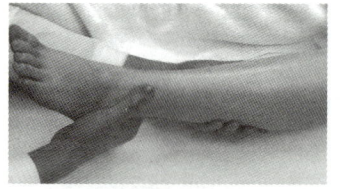

**步骤 29**
足部按摩结束后，在小腿上涂抹按摩膏。

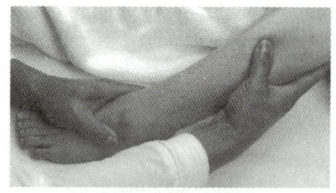

**步骤 30**
拿揉放松小腿。

## 操作步骤

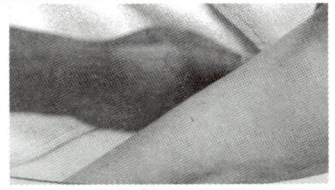

**步骤 31**
敲击小腿。

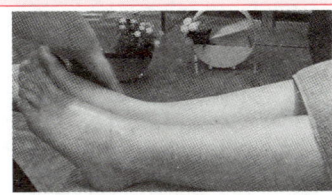

**步骤 32**
用浓度 75% 的酒精清洁顾客双脚。

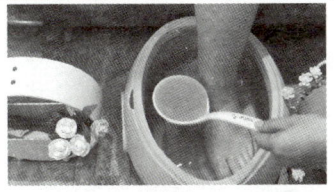

**步骤 33**
用小勺子舀出融好的蜜蜡，均匀地倒在脚上形成蜡膜足套。

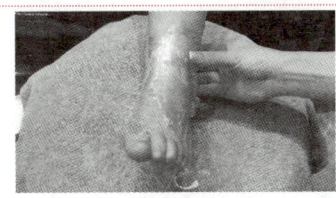

**步骤 34**
用保鲜膜将脚包裹好。

**步骤 35**
戴上电热足套，接通电源，保温 10 min。

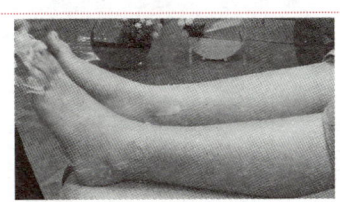

**步骤 36**
关闭电源，打开电热足套，除去脚上的蜡膜。

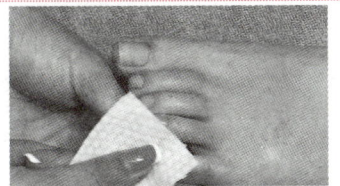

**步骤 37**
用蘸有酒精的棉片清除趾甲表面上的浮油，用橘木棒制作棉签，蘸取酒精，清洁趾甲周围残留的油渍。

## 美·甲

完成足部护理的操作后,可以进行其他美甲项目的服务。

### 整理工作

※ 将所有使用过的工具清洁后按不同材质的消毒要求分别进行消毒。
※ 清理工作台,将使用过的废弃物投入废物袋,用消毒液清洁和消毒工作台。
※ 服务结算,确认结账。
※ 建立顾客档案,预约下一次服务时间。

扫码看视频

足部按摩

### 注意事项

※ 在足护理开始前,要询问顾客的血压是否正常。按摩时要根据顾客的要求施加力度,手法须熟练,前后动作要连贯。
※ 按摩时要根据不同的部位增减力度,以免出现不良反应。
※ 足护理中使用过的蜜蜡要丢弃,不可以重复使用。

# 模块 八
# 人造指甲的制作和卸除

## 学习单元一　贴片甲的制作

## 一、贴片的种类和用途

### 1. 贴片的种类

（1）根据结合方式分，有全贴贴片、半贴贴片和浅贴贴片。

（2）根据色彩分，有透明、自然色、彩色。

（3）根据用途分，有造型贴片、法式贴片、彩绘贴片、3D贴片。

### 2. 贴片的用途

贴片甲可以改变原有自然指甲的外观和形状，根据个人喜好修补和装饰自然指甲。同时，还可帮助纠正啃咬指甲的不良习惯，保护薄软的自然指甲，避免其撕裂或破损。

## 二、贴片胶的使用方法

贴片胶是一种能使指甲贴片粘贴在自然指甲上的化学物质，通常是黏稠状液体。使用贴片胶时要先刻磨指甲贴片的背面，以增加黏合的强度，然后再往贴片槽里注入一滴贴片胶，使贴片的后缘和自然指甲粘贴在一起。

## 三、去除指甲贴片接痕的方法

### 1. 人工去接痕法

利用打磨工具（如 180 号打磨砂条或电动打磨机）将指甲贴片与自然指甲的接合处打磨光滑，注意不要磨伤自然指甲。

### 2. 化学去接痕法

采用特殊的化学溶解剂，使贴片接痕表面融化后用抛光条磨除。

## 四、全贴贴片工作程序

给顾客的双手提前做好甲面除色、指甲修形、指皮修剪等基本护理操作，再进行全贴贴片指甲的制作，服务时间 60 min，工作程序如下。

**服务用品**

| | | | |
|---|---|---|---|
| 消毒液 | 消毒液容器 | 毛巾 | 一次性纸巾 |
| 垫枕 | 浓度 75% 的酒精 | 棉花（片） | 棉花容器 |
| 180 号打磨砂条 | 240 号打磨砂条 | 粉尘刷 | 全贴贴片 |
| 贴片胶 | 橘木棒 | 底胶 | 彩色甲油胶 |
| 封层胶 | 凝胶灯 | 清洁剂 | 营养油 |
| 废物袋 | | | |

**工作准备**

※ 消毒工作台。
※ 从消毒柜中取出干净的毛巾（或一次性纸巾）铺在工作台上，另卷起一块毛巾或用固定垫枕垫在毛巾下顾客的手腕处。

※ 从消毒液容器中取出已消毒的工具，准备好用品。
※ 清洁自己和顾客的双手，用一次性纸巾擦干。
※ 总是从左手到右手，从每只手的小指开始操作。

**操作步骤**

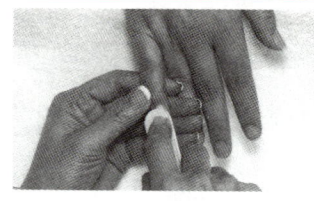

**步骤 1**

用 180 号打磨砂条轻轻地在指甲表面刻磨出细小划痕，以增大黏合接触面积。

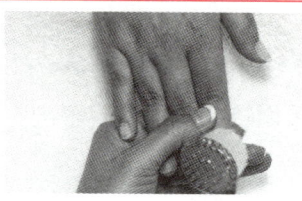

**步骤 2**

用粉尘刷清除干净指甲表面和甲沟内的粉尘。

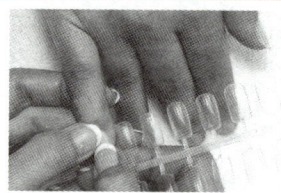

**步骤 3**

选择好与指甲甲床宽度相适合的 10 个全贴贴片，按顺序摆放。

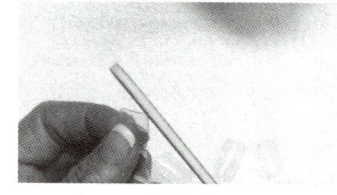

**步骤 4**

修整每个贴片后缘的形状，使之与每个指甲后缘的形状相符。

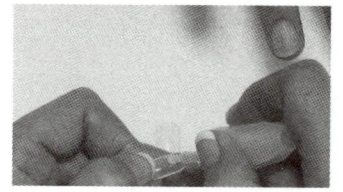

**步骤 5**

在贴片背面滴上贴片胶。

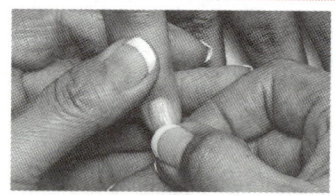

**步骤 6**

手指捏住贴片的前缘，以 45° 角将贴片后缘顶在自然指甲后缘处，将贴片向指甲前缘方向压在自然指甲表面，校正歪斜后按压 5 s，尽量将气泡挤出。如胶水溢出，应立即用橘木棒清理。

## 操作步骤

**步骤 7**
10 个贴片甲粘贴完成后,用 180 号打磨砂条打磨、修整贴片前缘形状。

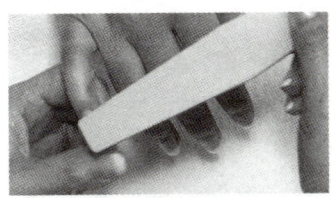

**步骤 8**
用 240 号打磨砂条对贴片表面进行抛光。

**步骤 9**
用粉尘刷清除干净指甲表面和甲沟内的粉尘。

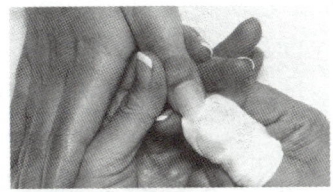

**步骤 10**
用浓度 75% 的酒精给顾客的双手消毒,用棉片蘸取酒精,清洁指甲表面和周围的污垢。

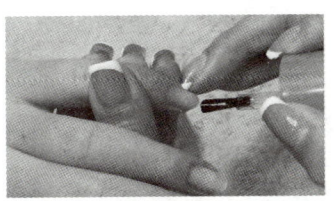

**步骤 11**
薄涂一层底胶,注意边缘留出 0.8 mm,力度适中,涂抹均匀,照凝胶灯 60 s。

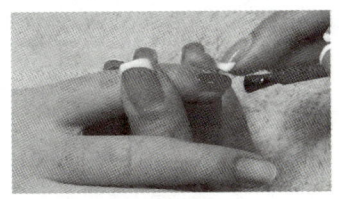

**步骤 12**
涂两遍彩色甲油胶,增加颜色的饱和度,使甲油胶均匀平整,每涂一遍都需要照凝胶灯 60 s。

## 操作步骤

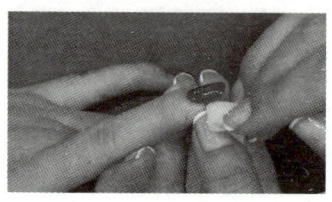

步骤 13
涂甲油胶的过程中如需清理,在照凝胶灯前用橘木棒制作棉签,蘸取清洁剂,清理涂到指甲表面以外的甲油胶。

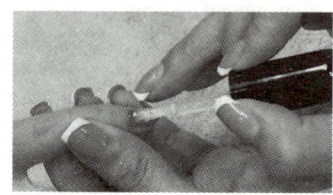

步骤 14
涂一层封层胶,注意前缘包边,照凝胶灯 60 s。

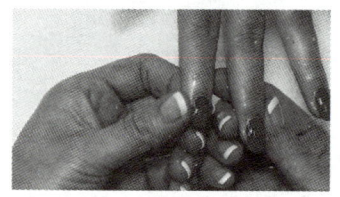

步骤 15
在指甲周围涂抹一层营养油并轻轻按摩。

## 整理工作

※ 将所有使用过的工具清洁后按不同材质的消毒要求分别进行消毒。

※ 清理工作台,将使用过的废弃物投入废物袋,用消毒液清洁和消毒工作台。

※ 服务结算,确认结账。

※ 建立顾客档案,预约下一次服务时间。

## 五、半贴贴片工作程序

给顾客的双手提前做好甲面除色、指甲修形、指皮修剪、甲面抛光等基本护理操作，再进行半贴贴片指甲的制作，服务时间 60 min，工作程序如下。

**服务用品**

| | | | |
|---|---|---|---|
| 消毒液 | 消毒液容器 | 毛巾 | 一次性纸巾 |
| 垫枕 | 浓度75%的酒精 | 棉花（片） | 棉花容器 |
| 180号打磨砂条 | 240号打磨砂条 | 粉尘刷 | 半贴贴片 |
| 贴片胶 | U形剪 | 接痕溶解剂 | 底胶 |
| 彩色甲油胶 | 封层胶 | 凝胶灯 | 橘木棒 |
| 清洁剂 | 营养油 | 废物袋 | |

**工作准备**

※ 消毒工作台。
※ 从消毒柜中取出干净的毛巾（或一次性纸巾）铺在工作台上，另卷起一块毛巾或用固定垫枕垫在毛巾下顾客的手腕处。
※ 从消毒液容器中取出已消毒的工具，准备好用品。
※ 清洁自己和顾客的双手，用一次性纸巾擦干。
※ 总是从左手到右手，从每只手的小指开始操作。

## 操作步骤

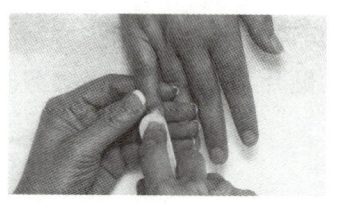

#### 步骤 1
用 180 号打磨砂条轻轻地在指甲表面刻磨出细小划痕,以增大黏合接触面积。

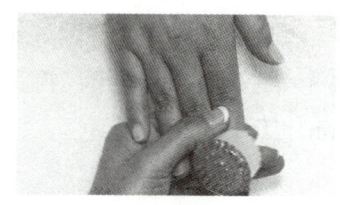

#### 步骤 2
用粉尘刷清除干净指甲表面和甲沟内的粉尘。

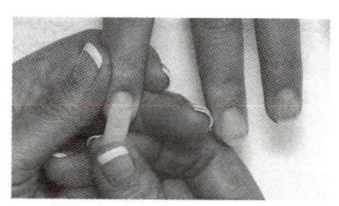

#### 步骤 3
选择好与指甲甲床宽度相适合的 10 个半贴贴片,按顺序摆放。

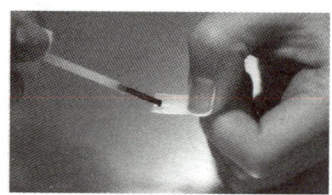

#### 步骤 4
在贴片背面涂上贴片胶。

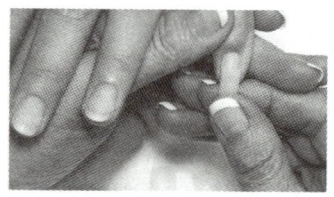

#### 步骤 5
手指捏住贴片的前缘,将贴片槽卡在指甲前缘处与指甲表面形成 45° 角,将贴片向指甲后缘方向压在自然指甲表面,校正歪斜后按压 5 s,尽量将气泡挤出。

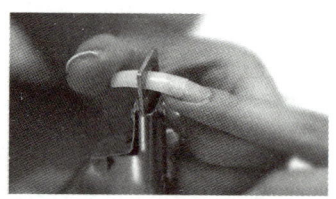

#### 步骤 6
贴片甲粘贴完成后,根据顾客的要求,使用 U 形剪修剪贴片前缘的长度。

## 操作步骤

**步骤 7**
在贴片与自然指甲接合处涂抹接痕溶解剂。

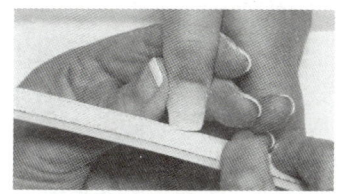

**步骤 8**
用 180 号打磨砂条打磨贴片与自然指甲接合处的接痕,并修整贴片前缘形状。

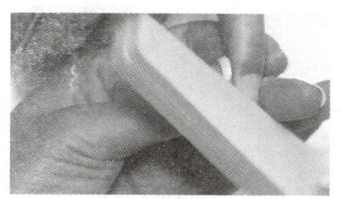

**步骤 9**
用 240 号打磨砂条对贴片表面进行抛光。

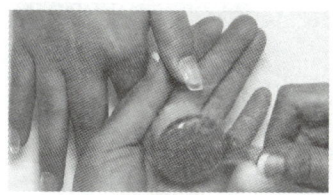

**步骤 10**
用粉尘刷清除干净指甲表面和甲沟内的粉尘。

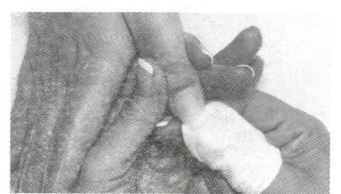

**步骤 11**
用浓度 75% 的酒精给顾客的双手消毒,用棉片蘸取酒精,清洁指甲表面和周围的污垢。

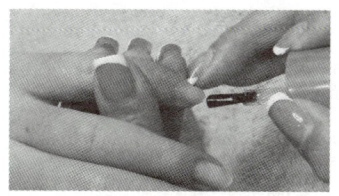

**步骤 12**
薄涂一层底胶,注意边缘留出 0.8 mm,力度适中,涂抹均匀,照凝胶灯 60 s。

## 操作步骤

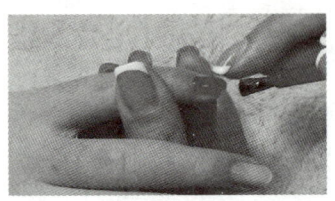

**步骤 13**

涂两遍彩色甲油胶,增加颜色的饱和度,使甲油胶均匀平整,每涂一遍都需要照凝胶灯 60 s。

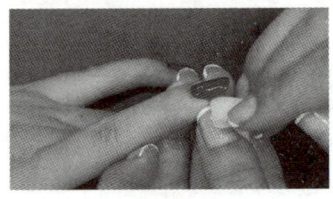

**步骤 14**

涂甲油胶的过程中如需清理,在照凝胶灯前用橘木棒制作棉签,蘸取清洁剂,清理涂到指甲表面以外的甲油胶。

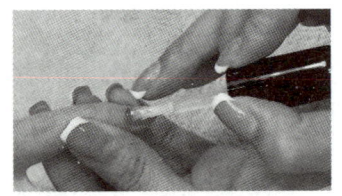

**步骤 15**

涂一层封层胶,注意前缘包边,照凝胶灯 60 s。

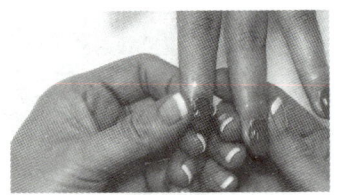

**步骤 16**

在指甲周围涂抹一层营养油并轻轻按摩。

## 整理工作

※ 将所有使用过的工具清洁后按不同材质的消毒要求分别进行消毒。

※ 清理工作台,将使用过的废弃物投入废物袋,用消毒液清洁和消毒工作台。

※ 服务结算,确认结账。

※ 建立顾客档案,预约下一次服务时间。

扫码看视频

半贴贴片指甲的制作

## 六、浅贴贴片工作程序

给顾客的双手提前做好甲面除色、指甲修形、指皮修剪、甲面抛光等基本护理操作,再进行浅贴贴片指甲的制作,服务时间45 min。

### 服务用品

| | | | |
|---|---|---|---|
| 消毒液 | 消毒液容器 | 毛巾 | 一次性纸巾 |
| 垫枕 | 浓度75%的酒精 | 棉花(片) | 棉花容器 |
| 180号打磨砂条 | 240号打磨砂条 | 粉尘刷 | 浅贴贴片 |
| 贴片胶 | 橘木棒 | 指甲刀 | 底胶 |
| 透明凝胶 | 封层胶 | 凝胶灯 | 营养油 |
| 废物袋 | | | |

### 工作准备

※ 消毒工作台。
※ 从消毒柜中取出干净的毛巾(或一次性纸巾)铺在工作台上,另卷起一块毛巾或用固定垫枕垫在毛巾下顾客的手腕处。
※ 从消毒液容器中取出已消毒的工具,准备好用品。
※ 清洁自己和顾客的双手,用一次性纸巾擦干。
※ 总是从左手到右手,从每只手的小指开始操作。

## 操作步骤

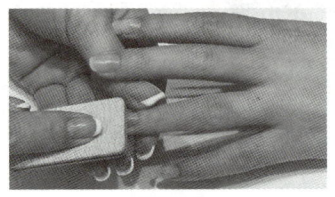

**步骤 1**
用 180 号打磨砂条轻轻地在指甲表面刻磨出细小划痕,以增大黏合接触面积。

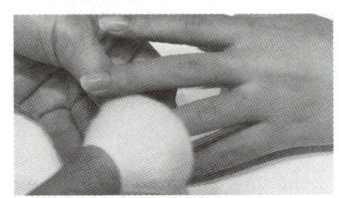

**步骤 2**
用粉尘刷清除干净指甲表面和甲沟内的粉尘。

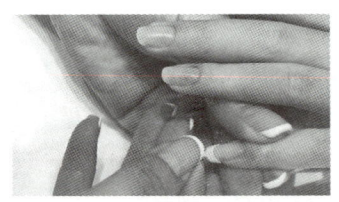

**步骤 3**
选择好与指甲甲床宽度相适合的 10 个浅贴贴片,按顺序摆放。

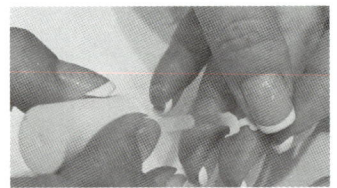

**步骤 4**
在贴片背面涂上贴片胶。

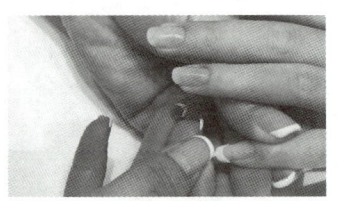

**步骤 5**
手指捏住贴片的前缘,将贴片槽卡在指甲前缘处与指甲表面形成 45°角,将贴片向指甲后缘方向压在自然指甲表面,校正歪斜后按压 5 s,尽量将气泡挤出。

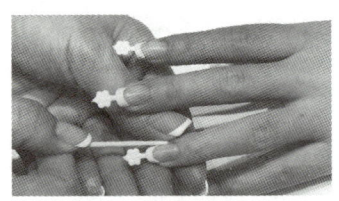

**步骤 6**
如有胶水溢出,应立刻用橘木棒清除。

## 操作步骤

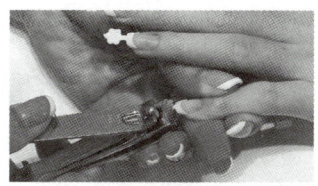

**步骤 7**
贴片甲粘贴完成后,用指甲刀剪掉前缘处的多余部分。

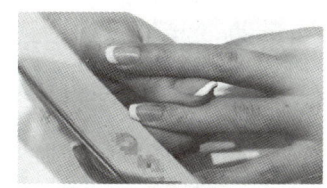

**步骤 8**
用 180 号打磨砂条打磨、修整贴片前缘形状。

**步骤 9**
用粉尘刷清除干净指甲表面和甲沟内的粉尘。

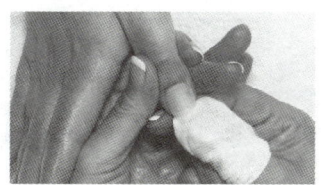

**步骤 10**
用浓度 75% 的酒精给顾客的双手消毒,用棉片蘸取酒精,清洁指甲表面和周围的污垢。

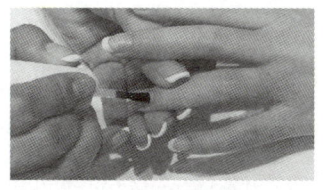

**步骤 11**
涂抹一层底胶,注意边缘留出 0.8 mm,力度适中,涂抹均匀,照凝胶灯 60 s。

**步骤 12**
涂抹一层透明凝胶或加固胶,填补甲面的不平整,使甲面变得平滑,照凝胶灯 60 s。

## 操作步骤

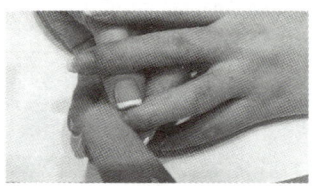

**步骤 13**
用 240 号打磨砂条打磨抛光指甲表面。

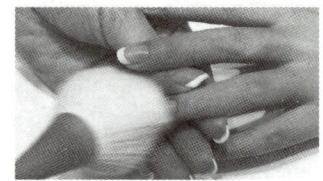

**步骤 14**
用粉尘刷清除干净指甲表面和甲沟内的粉尘。

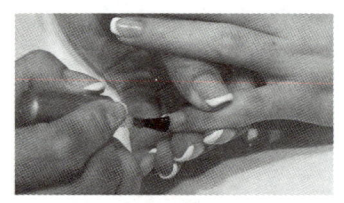

**步骤 15**
涂一层封层胶,注意前缘包边,照凝胶灯 60 s。

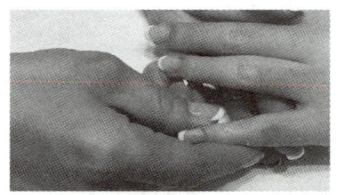

**步骤 16**
在指甲周围涂抹一层营养油并轻轻按摩。

## 整理工作

※ 将所有使用过的工具清洁后按不同材质的消毒要求分别进行消毒。

※ 清理工作台,将使用过的废弃物投入废物袋,用消毒液清洁和消毒工作台。

※ 服务结算,确认结账。

※ 建立顾客档案,预约下一次服务时间。

**注意事项**

※ 在使用全贴贴片、半贴贴片、浅贴贴片制作贴片甲的过程中,操作方法的不同点在于贴片粘贴的方式不同,操作时应予以注意和区别处理。

※ 浅贴贴片的操作步骤与半贴贴片完全一致,只是浅贴贴片凹槽盖住指甲前缘,而半贴贴片凹槽盖住甲板的1/3。

※ 使用无凹槽浅贴贴片,可以避免胶水流入指芯的问题。

※ 及时清理贴片胶是非常重要的环节,可以避免胶水流入甲沟。如果甲沟内存有胶水,顾客会感到很不舒服。

※ 浅贴片和半贴片去除接痕的方法不同,浅贴片的接痕去除方法是从指甲后缘位置补一层透明凝胶或加固胶,然后打磨抛光。

## 学习单元二　物理卸甲

自然指甲是由多层角蛋白质组成，硬性剥离会给自然指甲造成伤害，让指甲变薄。在美甲服务过程中需提醒顾客不要自行硬性脱甲，应由专业人员操作。

### 一、电动打磨机

#### 1. 打磨机的分类

美甲打磨机是美甲过程中必不可少的工具之一，选择合适的打磨机能够更好地保障美甲的效果和安全性。

打磨机按照电源分类，可分为直插电源式打磨机和充电式打磨机；按照转速分类，一般有 500～25 000 r/min 和 500～30 000 r/min。

#### 2. 打磨机的主要结构

了解美甲打磨机的主要结构不仅可以掌握美甲打磨技巧，提高美甲效果，还可以更好地保护美甲打磨机的使用寿命。打磨机的主要结构见表 8-1。

表 8-1　打磨机的主要结构

| 名称 | 图示 |
| --- | --- |
| 操作台 | 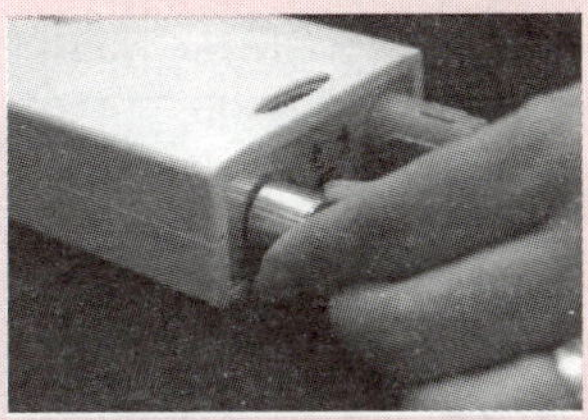 |
| 手柄 | 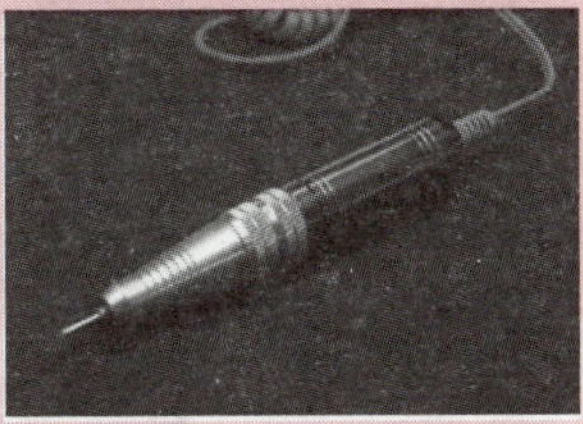 |
| 换头锁定圈 | 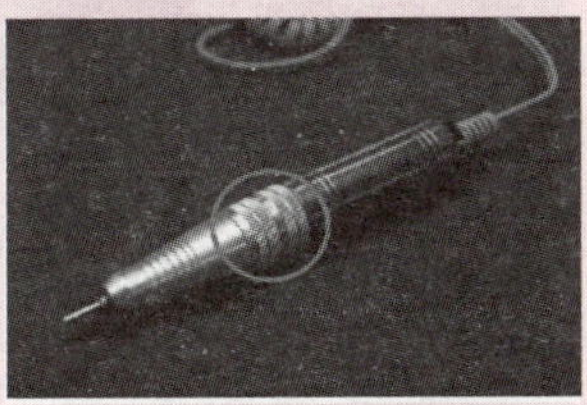 |
| 手柄防滑圈 | 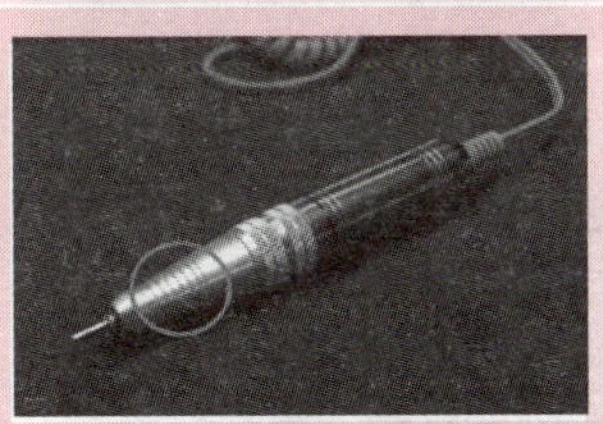 |
| 三瓣咬合圈 | 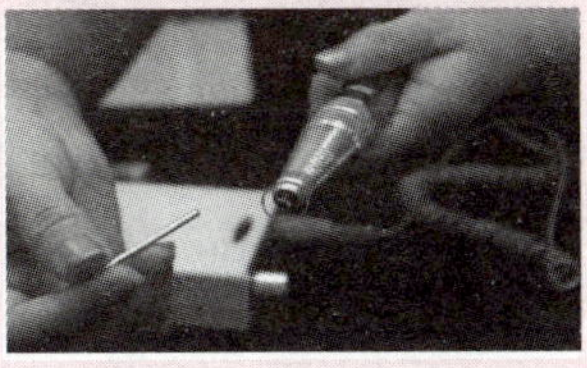 |

### 3. 三瓣咬合圈调整和保存的方法

| 调整 |---- 三瓣咬合圈过紧或过松时,可用镊子微调。

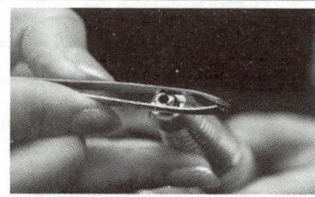

| 保存 |---- 打磨机使用完取出磨头后,须再插入原配金属棒锁定后收纳。

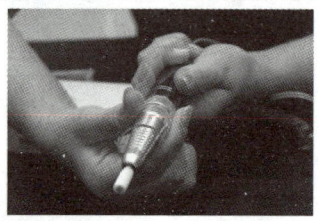

### 4. 电动打磨机磨头的更换

**操作步骤**

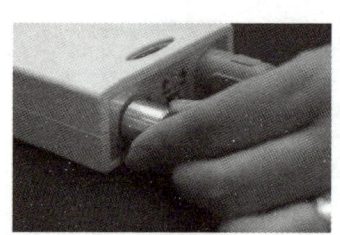

步骤1
关闭电动打磨机电源。

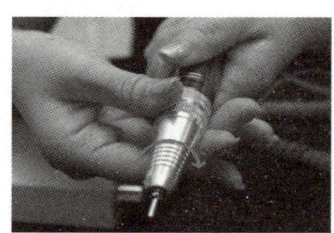

步骤2
拧开换头锁定圈。

| 操作步骤 | |
|---|---|
| 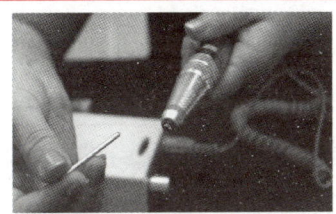<br>步骤3<br>拔出金属棒。 | 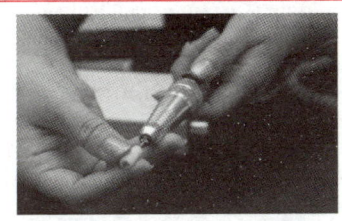<br>步骤4<br>插入磨头。 |
| 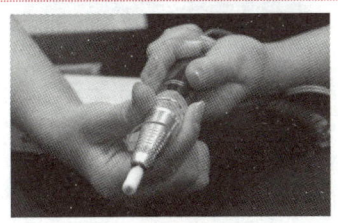<br>步骤5<br>拧紧换头锁定圈。 | |

## 二、锆石磨头

### 1. 锆石磨头的优点

（1）高硬度

超持久磨削力，超长使用寿命。

（2）高密度

超强抗菌性，不易残留和滋生细菌。

（3）低传热

高速旋转时不容易发烫、发热，避免灼伤手指。

（4）清洁方便

水冲式清洗，方便简易，快速脱屑。

## 2. 锆石磨头的清洗

| 操作步骤 | |
|---|---|
| 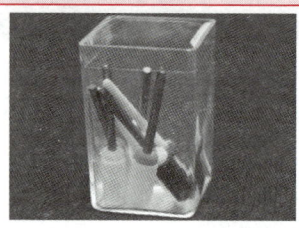<br>**步骤 1**<br>锆石磨头用完放入清水中浸泡 10 min 后取出，冲洗干净，用酒精、消毒液或紫外线消毒。 | 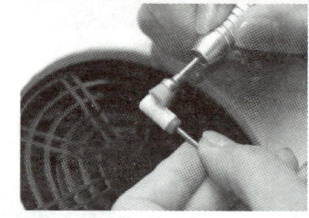<br>**步骤 2**<br>将打磨机换上粉尘刷头，把锆石磨头清理干净，用酒精、消毒液或紫外线消毒。 |
| 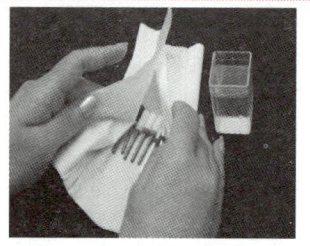<br>**步骤 3**<br>用一次性纸巾擦干锆石磨头。 | 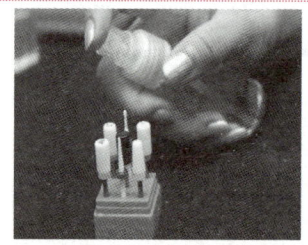<br>**步骤 4**<br>喷洒酒精或消毒液。 |

# 三、粉尘收纳机

## 1. 粉尘收纳机的作用

粉尘收纳机（简称粉尘机）配合打磨机使用，可有效吸附打磨过程中产生的粉尘，减少粉尘污染。

## 2. 粉尘机的使用和清洁

使用 ---- 直接按动开关控制键。

清洁 ---- 无纺布袋可以换洗。

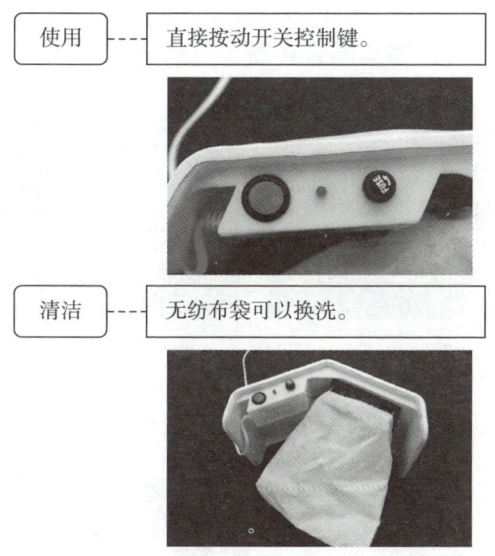

# 四、打磨机操作流程及手法

## 1. 打磨机基本操作手法

### （1）握笔

握手柄的姿势同平时握笔姿势一样（简称握笔），需握在防滑圈部位，以防止打滑。

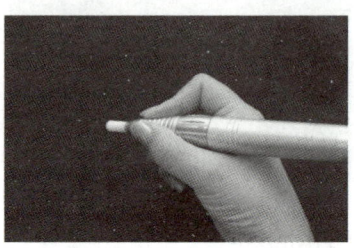

### （2）走笔

打磨机旋转时，磨头贴合在需要打磨的部位并反复移动手柄。

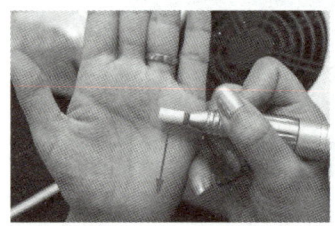 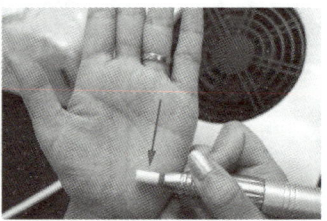

### （3）反方向走笔

用与转向相反的方向移动手柄，一般用于打磨甲面或角质。

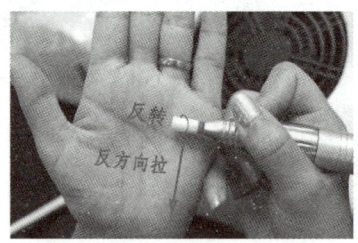

### （4）同方向走笔

用与转向相同的方向移动手柄，一般用于打磨指甲前缘底部。

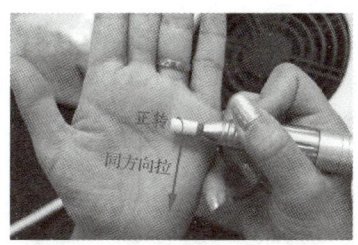

## 2. 走笔的手法

### (1) 三段式直线走笔

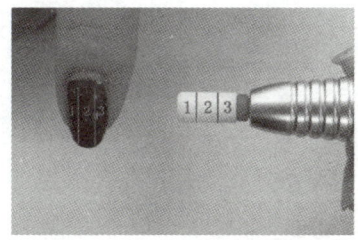

1) 前段式直线走笔。

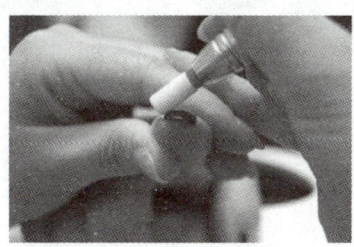

2) 中段式直线走笔。

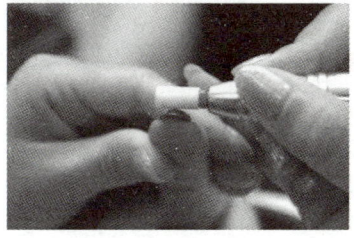

3）后段式直线走笔。

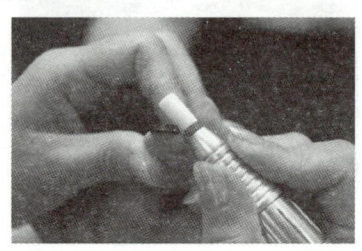

（2）前段式弧线走笔

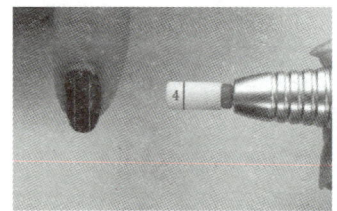 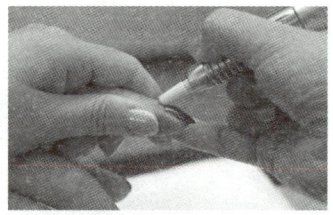

（3）贴合式弧线走笔

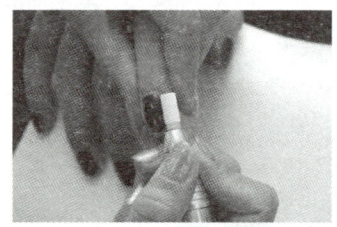 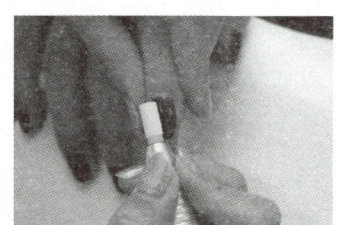

扫码看视频

走笔手法

## 五、打磨机物理卸甲工作程序

甲油胶打磨机物理卸甲操作,服务时间 45 min,工作程序如下。

### 服务用品

| | | | |
|---|---|---|---|
| 消毒液 | 浓度 75% 的酒精 | 打磨机 | 打磨磨头 |
| 粉尘刷头 | 一次性纸巾 | 废物袋 | |

### 工作准备

※ 准备好打磨机、打磨磨头和工具。
※ 操作前先在自己的手心上走笔,感受转向、转速及传热等情况,以确保顾客安全、舒适。
※ 让顾客同样在手心上感受一下,以确保顾客安心。

### 操作步骤

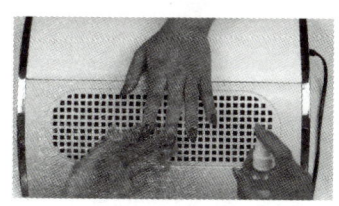

**步骤 1**
用浓度 75% 的酒精给自己和顾客的双手消毒。

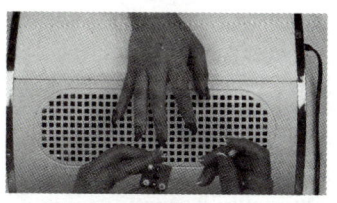

**步骤 2**
观察顾客指甲,根据需要卸除的甲油胶厚度,依次选择合适型号的磨头。

## 操作步骤

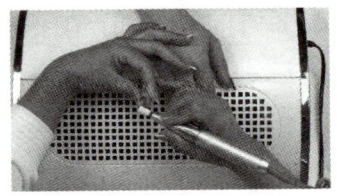

**步骤 3**
选用 F 号细磨磨头，从指甲后缘往前缘，用三段式直线走笔手法，磨除较厚的上层。

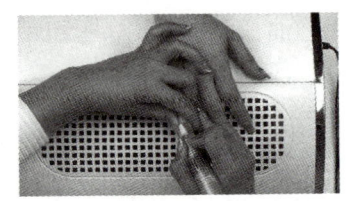

**步骤 4**
选用 XF 号细磨磨头，从指缘右侧到左侧，用前段式弧线走笔，将甲面残留的甲油胶磨除干净。

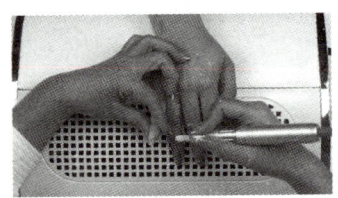

**步骤 5**
选用 3XF 号细抛磨头，从指甲后缘往前缘，用三段式直线走笔手法，将甲油胶彻底磨除。

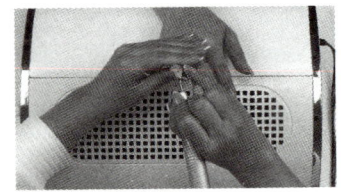

**步骤 6**
选用粉尘刷头，除去甲面和指芯的粉尘。

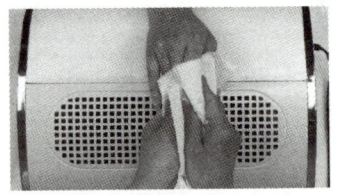

**步骤 7**
用一次性纸巾清洁顾客手部。

完成甲油胶打磨机物理卸甲的操作后，可以进行其他美甲项目的服务。

模块八 | 人造指甲的制作和卸除

**整理工作**

※ 将所有使用过的工具清洁后按不同材质的消毒要求分别进行消毒。
※ 清理工作台,将使用过的废弃物投入废物袋,用消毒液清洁和消毒工作台。

扫码看视频

甲油胶打磨机物理卸甲

贴片甲打磨机物理卸甲

**注意事项**

※ 操作时需同时单向走笔,不能来回操作,以防止打滑。
※ 操作时走笔要迅速,不能停留,以防止磨头因高速运转产生高热灼伤甲床等情况。
※ 卸甲前,可先将营养油涂抹在指缘及指皮上,使皮肤表面形成保护层,降低皮肤在卸甲过程中的脱水程度。
※ 卸甲时,需改变左手捏顾客手指的位置,以确保粉尘更好地被粉尘机吸入。

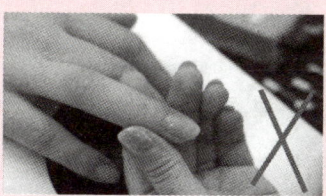

※ 卸甲时，甲面操作均用反方向走笔手法，切忌来回移动或停留。
※ 一个型号的磨头依次完成 10 个手指后再替换另一个型号的磨头，以提高工作效率，节省操作时间。

## 学习单元三  化学卸甲

化学卸甲主要使用锡纸包裹卸甲液卸除贴片甲,服务时间 40 min,工作程序如下。

**服务用品**

| 消毒液 | 消毒液容器 | 毛巾 | 一次性纸巾 |
| --- | --- | --- | --- |
| 垫枕 | 浓度75%的酒精 | 棉花(片) | 棉花容器 |
| 橘木棒 | 小剪刀 | 锡纸 | 指甲刀 |
| 小镊子 | 卸甲水 | 指皮推 | 营养油 |
| 粉尘刷 | 废物袋 |  |  |

**工作准备**

※ 消毒工作台。
※ 从消毒柜中取出干净的毛巾(或一次性纸巾)铺在工作台上,另卷起一块毛巾或用固定垫枕垫在毛巾下顾客的手腕处。
※ 从消毒液容器中取出已消毒的工具,准备好用品。
※ 用小剪刀裁剪10片大小合适的锡纸待用。
※ 用小镊子从棉花容器中取适量棉花(片),裁剪成10片指甲板大小的棉片待用。
※ 清洁自己和顾客的双手,用一次性纸巾擦干。
※ 总是从左手到右手,从每只手的小指开始操作。

## 操作步骤

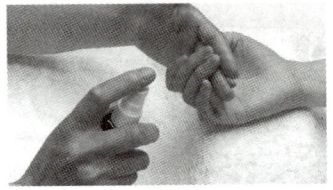

**步骤 1**
用浓度 75% 的酒精给自己和顾客的双手消毒。

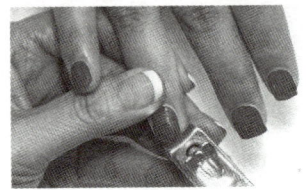

**步骤 2**
用指甲刀将所有的指甲贴片剪短至自然指甲前缘处。

**步骤 3**
在顾客双手手指除指甲板以外的地方涂上营养油。

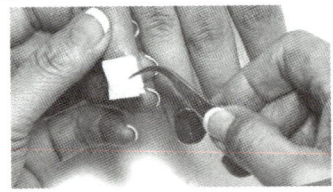

**步骤 4**
用小镊子夹起棉片,浸满卸甲水后依次贴敷在 10 个手指的指甲板上。

**步骤 5**
将手指包上锡纸,裹紧 10 个指甲,15～20 min 后去除锡纸和棉片。

**步骤 6**
用指皮推或橘木棒刮除 10 个指甲贴片。

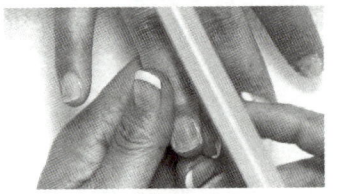

**步骤 7**
贴片卸除后,用 240 号打磨砂条打磨自然指甲甲面。

**步骤 8**
用 180 号打磨砂条修整指甲的形状。

## 操作步骤

**步骤 9**
用粉尘刷清除干净指甲表面和甲沟内的粉尘。

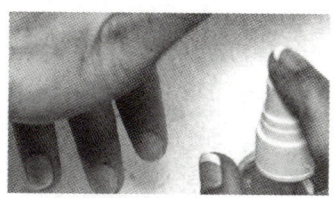

**步骤 10**
再次给自己和顾客的双手消毒。

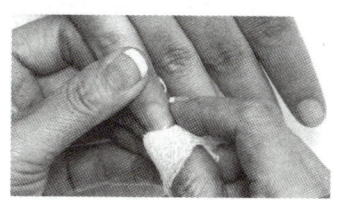

**步骤 11**
用蘸有酒精的棉片清洁干净甲沟内粉尘。

**步骤 12**
在指甲周围涂抹一层营养油并轻轻按摩。

完成化学卸甲操作后,可以进行其他美甲项目的服务。

### 整理工作

※ 将所有使用过的工具清洁后按不同材质的消毒要求分别进行消毒。

※ 清理工作台,将使用过的棉花(片)、锡纸、一次性纸巾等放入废物袋,用消毒液清洁和消毒工作台。

**注意事项**

※ 足部卸甲采用锡纸包裹法比较合适，需为顾客提供一次性拖鞋或请顾客自带拖鞋。

※ 若包上锡纸的指甲贴片不能卸除干净，则需将锡纸重新包 3～5 min 后再继续下一步操作。

# 模块 九
## 装饰指甲

## 学习单元一　彩妆指甲

## 一、色彩及构图的基本原理

### 1. 色彩的基本原理

**（1）三原色**

色彩中不能再分解的三种基本颜色称为三原色，美术中把红、黄、蓝这三种颜色定义为色彩三原色。

**（2）间色**

两种原色以等比例混合形成的颜色叫间色，如橙（红＋黄）、紫（红＋蓝）、绿（蓝＋黄）。

**（3）复色**

用三种以上的颜色混合出来的颜色叫复色。

**（4）补色**

补色之间的对比是最强烈的对比，它是由于人们视觉特点的需要而形成的色彩关系，例如，人们在大红色的纸上用墨汁写字会产生绿色的感觉。

三组最基本的补色是：红与绿（蓝＋黄）、黄与紫（红＋蓝）、蓝与橙（红＋黄）。

(5) 色彩三属性

1）色相。色相是指色彩的相貌，如红、朱红、大红、蓝、紫等。

2）纯度。纯度是指色彩的饱和度，如鲜艳、灰弱等。

3）明度。明度是指色彩的明亮程度，即深与浅的关系。

### 2. 构图的基本原理

(1) 视觉中心

由于指甲表面有弧度，所以装饰指甲的主要图案应当安排在指甲的中前部分。

(2) 对称与均衡

1）某个图案上下或左右完全相等时的构图叫作对称，其特点是规整、平稳。

2）某个图案上下或左右不对称时的构图叫作均衡，其特点是活泼、有变化。

(3) 点、线、面的构成设计

点、线、面的安排是构图的基础思路，小的色块称为点，有大小、疏密的变化。线是点的延长，有曲直、疏密、交叉的变化。面是面积较大的色块，只在形状和大小上有区别。

## 二、贴花

贴花是将不同材质和预先制作出来的各种图案，直接粘贴在指甲表面的装饰方法。

装饰指甲表面的花卉图案由传统的手绘演变成简单易操作的贴

花纸粘贴转印。

### 1. 贴花的分类

根据性质不同,贴花可分为两大类。

| 背胶贴花 | 背胶贴花使用的贴花纸背后自带粘胶,从背景纸上揭下可直接粘贴在指甲表面合适的位置。 |

| 水移贴花 | 水移贴花使用的贴花纸最基本的材料是小膜底纸,它是一种吸水性特别强、表面涂满了水溶性胶膜的纸张,把印刷好的贴花纸浸泡在水里,纸张吸收了水分后,溶解表面的水溶胶,就能使油剂的图案由纸表面滑动分离,分离后的图案还带有少许的水溶胶,可以贴在指甲表面。 |

### 2. 贴花的特点

贴花在彩妆指甲中是相对简便的装饰技法,它的特点是成本低、速度快、款式多、易组合。

### 3. 贴花实例

以练习甲片为例,演示背胶贴花操作,工作程序如下。

**服务用品**

| 消毒液 | 消毒液容器 | 浓度 75% 的酒精 | 空白甲片 |
| --- | --- | --- | --- |
| 甲片托 | 背胶贴花纸 | 小剪刀 | 底胶 |
| 彩色甲油胶 | 封层胶 | 凝胶灯 | 小镊子 |
| 彩绘笔 | 各种饰品 | 粘钻胶 | 废物袋 |

## 模块九 | 装饰指甲

### 工作准备

※ 选择五个空白甲片粘贴在甲片托上，并按顺序摆放好。
※ 根据设计好的甲面图案，从背胶贴花纸上选取贴花备用。
※ 选择颜色相适合的甲油胶。
※ 从消毒液容器中取出已消毒的工具，准备好用品。
※ 用浓度 75% 的酒精给自己的双手消毒。

### 操作步骤

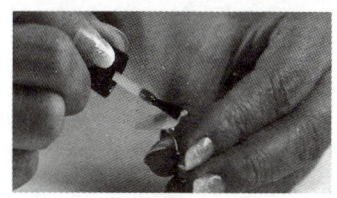

**步骤 1**
在甲片表面均匀地涂抹一层底胶，照凝胶灯 60 s。

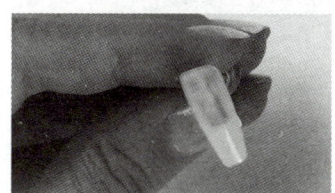

**步骤 2**
涂抹两层白色甲油胶，两层均照凝胶灯 60 s。

**步骤 3**
用小镊子将贴花贴在设计好的位置上，摆平压实。

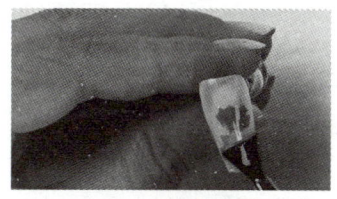

**步骤 4**
涂抹一层磨砂封层将贴花封好，照凝胶灯 60 s。

## 操作步骤

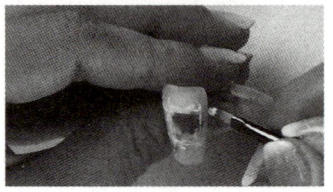

**步骤 5**
用其他工艺进行第二次装饰。

**步骤 6**
用粘钻胶粘贴饰品加以点缀装饰,完成一个甲片的制作。

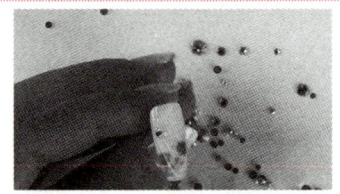

**步骤 7**
继续完成其他甲片的操作。

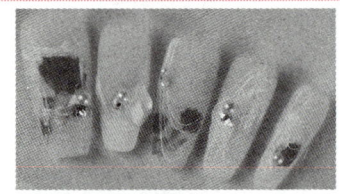

**步骤 8**
完成贴花制作。

### 整理工作

※ 将所有使用过的工具清洁后按不同材质的消毒要求分别进行消毒。

※ 清理工作台,将使用过的废弃物投入废物袋,用消毒液清洁和消毒工作台。

### 小贴士

※ 一定要等甲油胶干燥后,才可以贴上贴花。

※ 选择贴花款式时应根据顾客的手形、甲形、肤色、服饰色彩和要求进行设计。

※ 取用贴花时尽量使用小镊子夹取,避免用手过多接触贴花。

## 三、镶嵌饰物

镶嵌饰物是指粘贴摆放在指甲表面上的所有小型的装饰品,可以使用胶水等直接粘贴。

### 1. 镶嵌饰物的特点

镶嵌饰物技法在装饰指甲中使用较多,它的特点是取材丰富、组合多样、装饰性强、操作简便。

### 2. 镶嵌饰物实例

以练习甲片为例,演示指甲镶嵌饰物操作,工作程序如下。

**服务用品**

| 消毒液 | 消毒液容器 | 浓度75%的酒精 | 空白甲片 |
|---|---|---|---|
| 甲片托 | 底胶 | 彩色甲油胶 | 封层胶 |
| 凝胶灯 | 扇形笔 | 各种饰品 | 小镊子 |
| 粘钻胶 | 废物袋 | | |

**工作准备**

※ 选择五个空白甲片粘贴在甲片托上,并按顺序摆放好。
※ 根据设计好的甲面图案,准备好人造钻石和彩色亮片、珠子等镶嵌的饰品。
※ 选择颜色相适合的甲油胶。
※ 从消毒液容器中取出已消毒的工具,准备好用品。
※ 用浓度75%的酒精给自己的双手消毒。

## 操作步骤

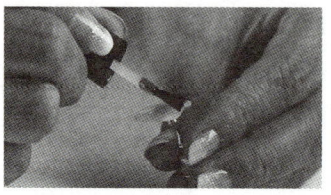

**步骤 1**
在甲片表面均匀地涂抹一层底胶,照凝胶灯 60 s。

**步骤 2**
在甲片前缘涂抹深紫色甲油胶,用扇形笔做出渐变效果,照凝胶灯 60 s。

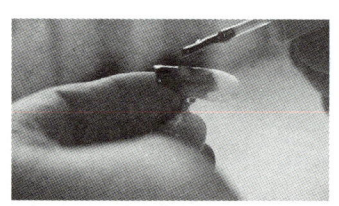

**步骤 3**
从甲片前缘往后缘涂抹浅紫色甲油胶,只需涂抹到甲面的 2/3 处,不需要照凝胶灯。

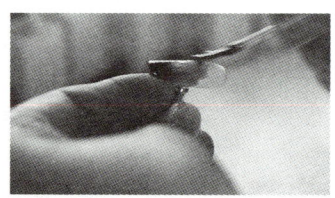

**步骤 4**
在甲面的后 1/3 处涂抹透紫色甲油胶,使整个甲面的颜色形成由深到浅的渐变过渡,照凝胶灯 60 s。

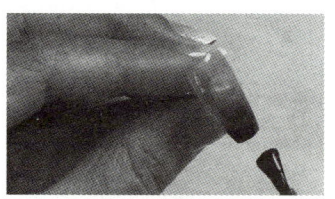

**步骤 5**
涂抹一层封层胶,照凝胶灯 60 s。

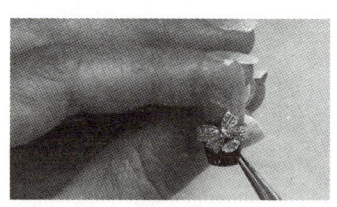

**步骤 6**
将粘钻胶涂抹在甲面上,用小镊子夹取饰品,放置在粘钻胶上面,照凝胶灯 60 s。

## 操作步骤

步骤7
用粘钻胶填补好饰品之间的缝隙,照凝胶灯 60 s。

步骤8
继续粘贴其他甲片上的饰品,完成镶嵌饰物制作。

## 整理工作

※ 将所有使用过的工具清洁后按不同材质的消毒要求分别进行消毒。

※ 清理工作台,将使用过的废弃物投入废物袋,用消毒液清洁和消毒工作台。

### 小贴士

※ 用扇形笔做渐变时,要从指甲前缘往后缘拖刷,扇形笔用完后要立即清洁笔刷。

※ 由于指甲表面有弧度,大颗的饰品镶嵌在指甲表面不能够完全贴合,会出现缝隙,此时可以使用凝胶对饰品与甲面之间的缝隙进行填补,这样既使饰品在甲面上更加牢固,又不会失去饰品原有的光泽。

**注意事项**

※ 粘贴时,饰物的摆放要设计好,忌在甲面上来回移动,否则会破坏甲油的整体效果。饰物要放平压实,这样才不容易脱落。

※ 饰物应尽量避免粘贴在指甲前端或边缘,特别是颗粒大的钻石,否则容易造成饰品脱落。

## 学习单元二　手绘指甲

### 一、手绘指甲的分类

根据不同层次消费群体的美化需要，手绘指甲可按用途分为两类。

#### 1. 实用型手绘

实用型手绘是指能和人们日常生活的起居、时装、首饰等相互搭配的绘画艺术形式。这种手绘图案几乎能与自然界所有相关的物体产生联想。

#### 2. 观赏型手绘

观赏型手绘是在实用型手绘的基础上，在指甲上配合立体雕刻等艺术形式，使指甲在视觉上达到一种可供观赏的效果，主要适用于美甲艺术的比赛。这种手绘作品主要以表演型美甲为主，根据不同国家的风俗、文化、风格与特色，将这些元素都浓缩成微小的图案，绘制到指甲表面，形成一种新的观赏艺术。

## 二、手绘指甲的基础方法

### 1. 徒手画线

线条包括直线、斜线和曲线。手绘指甲要求线条自然流畅、图案精致美观,所以美甲从业人员要掌握画线技巧。

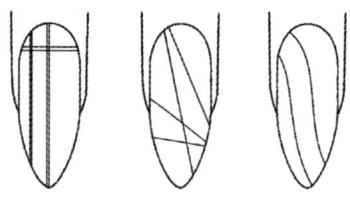

> **小贴士**
> ※ 画直线的时候绝对不要使用尺子或者任何可以帮助画出直线的工具。
> ※ 画辅助线时用笔要轻,以免影响最终效果。
> ※ 画圆需用直线来做辅助线,练好直线画法是画圆形的基础。

人的眼睛在开始观察事物时,往往具有欺骗性。例如,下面这个较常见的图形,当人们第一次看时,总是觉得右边竖线比左边竖线短,其实它们是一样长的。

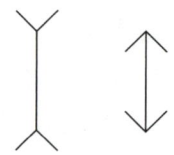

因此,在观察具体的实物时需要一个参照物帮助分析。在素描基础练习中,通常以铅笔作为参照物,用铅笔可对所画的物体量出真实的比例。

## 2. 徒手画圆

徒手画圆是手绘的基本功,有助于在美甲手绘过程中画好直线、条纹、格子、弧形,修甲时能快速修整出符合设计要求的甲形。

### (1) 画圆的方法

画圆的方法有正六边形画法和正方形画法。

### (2) 铅笔画圆的步骤

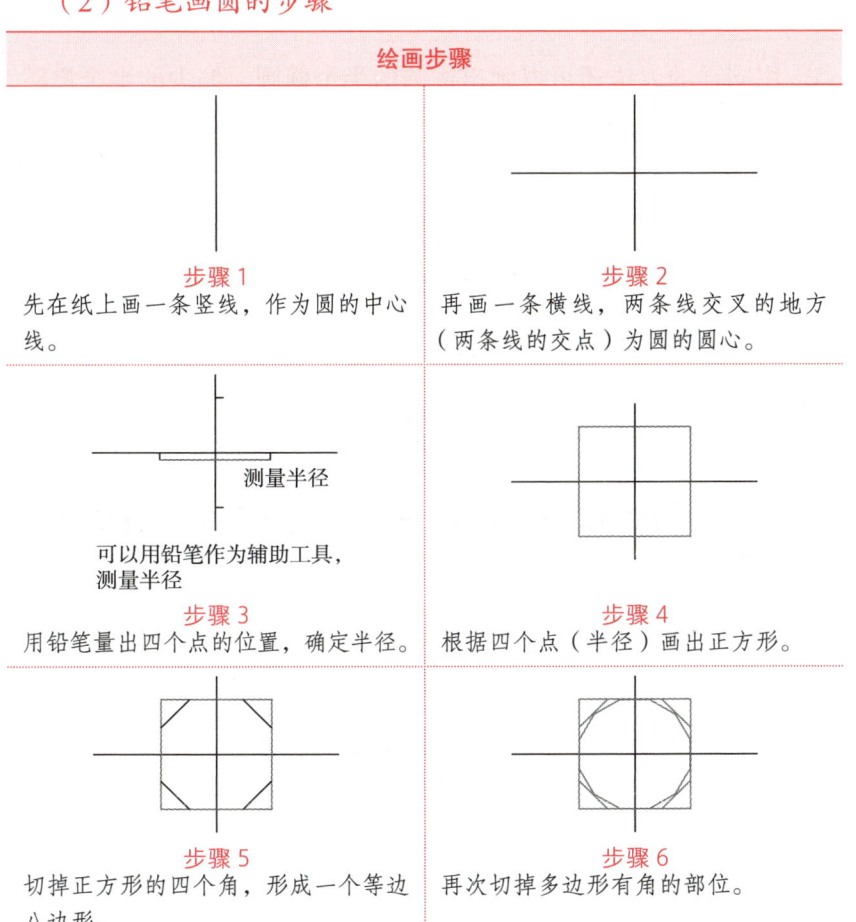

| 绘画步骤 | |
|---|---|
| 步骤1<br>先在纸上画一条竖线,作为圆的中心线。 | 步骤2<br>再画一条横线,两条线交叉的地方(两条线的交点)为圆的圆心。 |
| 步骤3<br>可以用铅笔作为辅助工具,测量半径<br>用铅笔量出四个点的位置,确定半径。 | 步骤4<br>根据四个点(半径)画出正方形。 |
| 步骤5<br>切掉正方形的四个角,形成一个等边八边形。 | 步骤6<br>再次切掉多边形有角的部位。 |

| 绘画步骤 | |
|---|---|
| 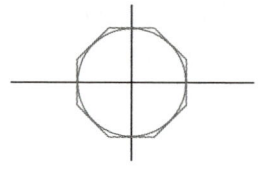 | 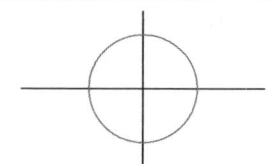 |
| 步骤7<br>切掉多边形的角之后再次细化。 | 步骤8<br>用橡皮擦掉辅助线，一个圆就基本完成了。 |

用同样的方法还可以画出偏圆的半个椭圆、偏尖的半个椭圆、尖形。

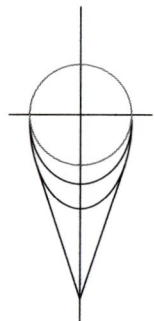

最后，把画好的图形倒过来检查有无中心线两边不对称的地方，并予以修正。

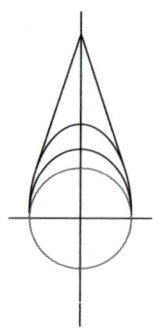

模块九 | 装饰指甲

扫码看文档

手绘基础笔法练习图案

## 三、初级手绘指甲实例

以练习甲片为例,演示初级手绘指甲操作,工作程序如下。

服务用品

| 消毒液 | 消毒液容器 | 浓度 75% 的酒精 | 空白甲片 |
| --- | --- | --- | --- |
| 甲片托 | 底胶 | 彩色甲油胶 | 封层胶 |
| 凝胶灯 | 彩绘胶 | 多功能彩绘笔 | 粘钻胶 |
| 各种饰品 | 小镊子 | 极光粉 | 小粉扑 |
| 笔洗 | 废物袋 | | |

工作准备

※ 选择五个空白甲片粘贴在甲片托上,并按顺序摆放好。
※ 根据设计好的甲面图案,准备相应颜色的彩绘胶。
※ 选择颜色相适合的甲油胶。
※ 从消毒液容器中取出已消毒的工具,准备好用品。
※ 用浓度 75% 的酒精给自己的双手消毒。

## 操作步骤

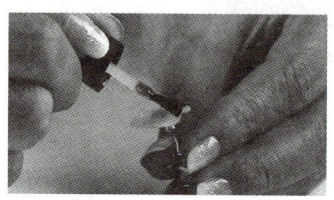

**步骤 1**
在甲片表面均匀地涂抹一层底胶,照凝胶灯 60 s。

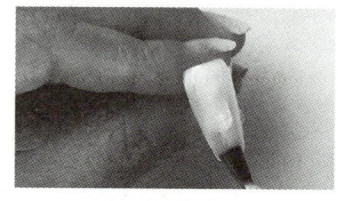

**步骤 2**
涂抹乳白色甲油胶,从甲片后缘向前缘做出渐变的效果,照凝胶灯后涂抹一层封层胶,再照凝胶灯 60 s。

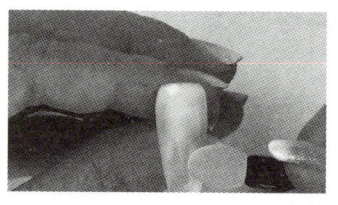

**步骤 3**
取少量粉红色极光粉,用小粉扑从甲片后缘向前缘涂扫出渐变效果。

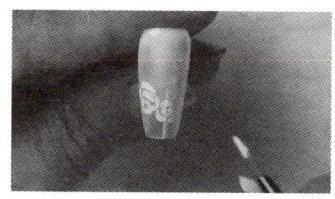

**步骤 4**
用多功能彩绘笔蘸取彩绘胶,在甲面合适的位置绘制出玫瑰花图案,照凝胶灯 60 s。

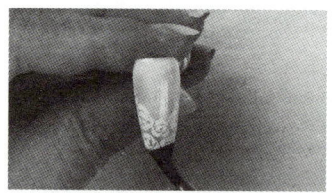

**步骤 5**
涂抹一层封层胶,照凝胶灯 60 s。

**步骤 6**
将粘钻胶滴在需要粘钻的位置,用小镊子夹取饰品,逐颗放置在粘钻胶上面,照凝胶灯 60 s。

## 操作步骤

**步骤 7**
用粘钻胶逐个对饰品进行填缝和包裹，照凝胶灯 60 s。

**步骤 8**
继续绘制其他甲片并进行饰品装饰，完成整体制作。

## 整理工作

※ 图案绘制好后，将手绘笔在笔洗中清洗干净，擦干并调整好笔形后保存。

※ 将所有使用过的工具清洁后按不同材质的消毒要求分别进行消毒。

※ 清理工作台，将使用过的废弃物投入废物袋，用消毒液清洁和消毒工作台。

扫码看视频

初级手绘指甲实例

### 小贴士

※ 用小粉扑做渐变时，要用未使用过的一面进行涂扫。

## 四、法式手绘实例

以练习甲片为例,演示法式手绘操作,工作程序如下。

### 服务用品

| | | | |
|---|---|---|---|
| 消毒液 | 消毒液容器 | 浓度 75% 的酒精 | 空白甲片 |
| 甲片托 | 底胶 | 彩色甲油胶 | 封层胶 |
| 凝胶灯 | 贴花 | 废物袋 | |

### 工作准备

※ 选择五个空白甲片粘贴在甲片托上,并按顺序摆放好。
※ 根据设计好的甲面图案,准备好贴花备用。
※ 选择颜色相适合的甲油胶。
※ 从消毒液容器中取出已消毒的工具,准备好用品。
※ 用浓度 75% 的酒精给自己的双手消毒。

### 操作步骤

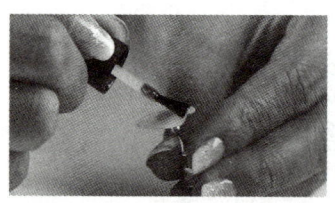

**步骤 1**

在甲片表面均匀地涂抹一层底胶,照凝胶灯 60 s。

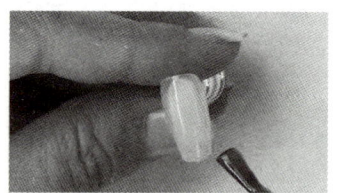

**步骤 2**

涂抹两层浅粉色甲油胶做底色,两层均照凝胶灯 60 s。

| 操作步骤 | |
|---|---|
| 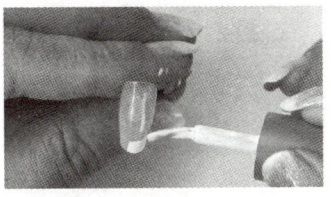<br>**步骤 3**<br>标准法式。用白色的甲油胶沿甲片中间向两侧画出微笑线，AB 点（左右最高点）等高，照凝胶灯 60 s。 | 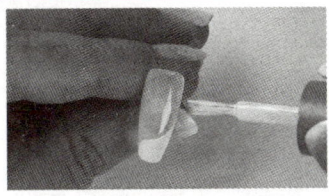<br>**步骤 4**<br>大法式线。先在甲片中间画一笔，左右两边再各画一笔，AB 点（左右最高点）较高，弧度较大，照凝胶灯 60 s。 |
| 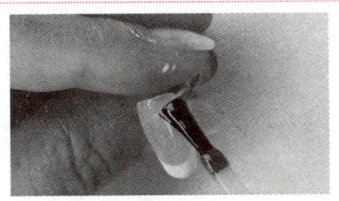<br>**步骤 5**<br>涂抹一层封层胶保护好法式边，照凝胶灯 60 s。 | 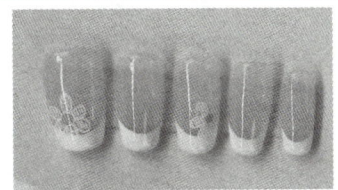<br>**步骤 6**<br>继续绘制其他甲片并进行贴花装饰，完成整体制作。 |

**整理工作**

※ 将所有使用过的工具清洁后按不同材质的消毒要求分别进行消毒。

※ 清理工作台，将使用过的废弃物投入废物袋，用消毒液清洁和消毒工作台。

## 五、甲油胶彩绘实例

以练习甲片为例，演示甲油胶彩绘操作，工作程序如下。

# 美·甲

## 服务用品

| | | | |
|---|---|---|---|
| 消毒液 | 消毒液容器 | 浓度 75% 的酒精 | 空白甲片 |
| 甲片托 | 各种饰品 | 底胶 | 彩色甲油胶 |
| 封层胶 | 凝胶灯 | 彩绘胶 | 微雕胶 |
| 彩绘笔 | 点花笔 | 描线笔 | 小镊子 |
| 金箔纸 | 小粉扑 | 魔镜粉 | 废物袋 |

## 工作准备

※ 选择五个甲片粘贴在甲片托上,并按顺序摆放好。

※ 根据设计的款式,准备好人造钻石和彩色亮片、珠子等镶嵌的饰品。

※ 选择颜色相适合的甲油胶。

※ 从消毒液容器中取出已消毒的工具,准备好用品。

※ 用浓度 75% 的酒精给自己的双手消毒。

## 操作步骤

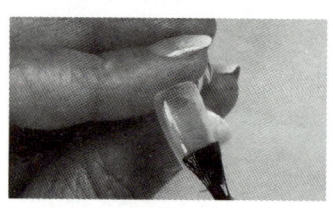

**步骤 1**
在甲片表面均匀地涂抹一层底胶,照凝胶灯 60 s。

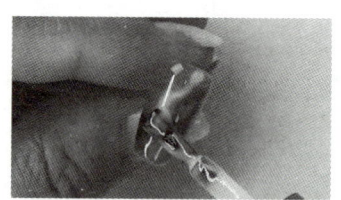

**步骤 2**
涂抹透棕色甲油胶、透黄色甲油胶、透橙色甲油胶和透白色甲油胶,做成流动的糖浆效果,照凝胶灯 60 s。

模块九 | 装饰指甲

## 操作步骤

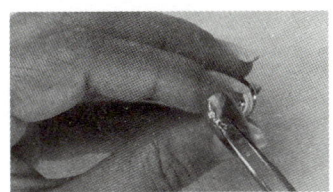

**步骤 3**
用小镊子夹取金箔纸，利用甲油胶的浮胶将金箔纸粘贴在甲面上，使金箔纸与甲面完全贴合。

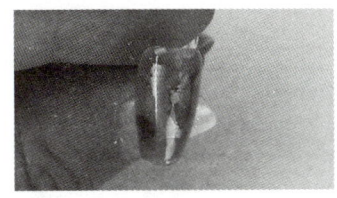

**步骤 4**
选取透黄色甲油胶，涂抹整个甲面以保护金箔纸，照凝胶灯 60 s。

**步骤 5**
用彩绘笔蘸取白色彩绘胶，由外到内按压笔锋绘制花瓣，照凝胶灯 60 s。

**步骤 6**
用点花笔蘸取柠檬黄色彩绘胶，点画出花朵的花心，照凝胶灯 60 s。

**步骤 7**
用点花笔蘸取棕色彩绘胶，沿着花心的边缘点画出花蕊，照凝胶灯 60 s。

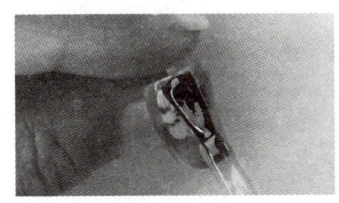

**步骤 8**
在整个甲面涂抹一层透黄色甲油胶，照凝胶灯 60 s。

## 操作步骤

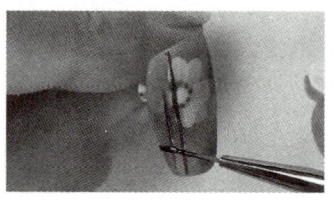

**步骤 9**
用描线笔蘸取深棕色微雕胶,绘制出纵横交错的线条,在线条的交点处绘制方形小色块,照凝胶灯 60 s。

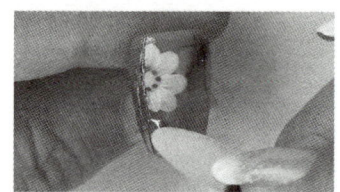

**步骤 10**
用小粉扑取金色魔镜粉,涂抹在凸出的线条上面,形成特有的视觉反差。

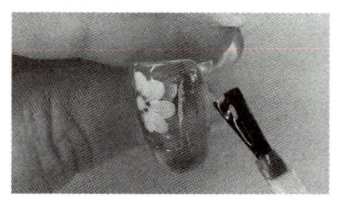

**步骤 11**
涂抹一层封层胶,保护好绘制的图案,照凝胶灯 60 s。

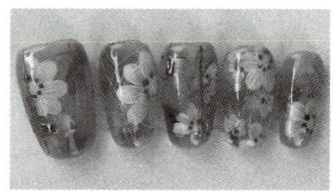

**步骤 12**
绘制其他甲片,完成整体制作。

## 整理工作

※ 将所有使用过的工具清洁后按不同材质的消毒要求分别进行消毒。

※ 清理工作台,将使用过的废弃物投入废物袋,用消毒液清洁和消毒工作台。

### 注意事项

※ 涂抹时,注意甲油胶不要接触到指甲后缘及两侧的皮肤,更不能流入甲沟,若发生此类情况需及时清理后再照灯。
※ 擦洗封层照灯后需用清洁液擦拭甲面浮胶。
※ 免洗封层照灯后切忌立刻用手指触摸指甲表面,需冷却20 s,以防手指的温度使甲面雾化导致甲面封层失去亮度。
※ 制作过程中要注意及时清洁笔刷,避免笔刷长时间光照固化。